Pratik Parmar

Biofortificação agronómica do zinco em variedades de grão-de-bico

Pratik Parmar

Biofortificação agronómica do zinco em variedades de grão-de-bico

ScienciaScripts

Imprint

Any brand names and product names mentioned in this book are subject to trademark, brand or patent protection and are trademarks or registered trademarks of their respective holders. The use of brand names, product names, common names, trade names, product descriptions etc. even without a particular marking in this work is in no way to be construed to mean that such names may be regarded as unrestricted in respect of trademark and brand protection legislation and could thus be used by anyone.

Cover image: www.ingimage.com

This book is a translation from the original published under ISBN 978-620-7-45392-4.

Publisher:
Sciencia Scripts
is a trademark of
Dodo Books Indian Ocean Ltd. and OmniScriptum S.R.L publishing group

120 High Road, East Finchley, London, N2 9ED, United Kingdom
Str. Armeneasca 28/1, office 1, Chisinau MD-2012, Republic of Moldova, Europe
Printed at: see last page
ISBN: 978-620-8-03822-9

Copyright © Pratik Parmar
Copyright © 2024 Dodo Books Indian Ocean Ltd. and OmniScriptum S.R.L publishing group

Conteúdo

RECONHECIMENTO

A minha viagem de pós-graduação está a chegar ao fim. Hoje, ao fazer uma retrospetiva, imagino-me ingénuo em relação à investigação e agora pergunto-me como é que, apesar disso, estou no seu curso final. Certamente, há um homem que me passa despercebido, sem qualquer dúvida, e que é o meu ilustre Guia Principal, **Dr. T. C. Poonia**, Professor Assistente, Faculdade de Agricultura, J.A.U., Mota-Bhandariya (Amreli). Não tenho palavras para lhe exprimir os meus sinceros agradecimentos pela sua orientação esclarecedora, encorajamento infalível, sugestões académicas, críticas construtivas, supervisão judiciosa, atitudes simpáticas, comportamento amável e grande interesse ao longo desta investigação e da preparação do manuscrito.

Esta ocasião memorável proporciona-me o privilégio único de apresentar os meus sinceros agradecimentos ao comité consultivo, **Dr. J. N. Nariya** (Guia Menor), Professor, Faculdade de Agricultura, J.A.U., Mota-Bhandariya (Amreli). **Dr. J. M. Modhavadia** (Membro), Professor Assistente, Departamento de Engenharia do Solo e da Água, Faculdade de Engenharia e Tecnologia Agrícola, J.A.U., Junagadh e **Dr. S. M. Upadhyay** (Membro), Professor e Diretor, Departamento de Agricultura e Estatística, J.A.U., Junagadh pelas suas sugestões úteis, atenção constante e ajuda durante todo o período de investigação.

Registo também os meus sinceros agradecimentos ao **Dr. A. R. Pathak,** Hon'ble Vice-Chanceler, ao **Dr. V. P. Chovatia**, Diretor de Investigação e Decano de Estudos de PG e ao **Dr. B. K. Saagarka**, Diretor e Decano da Faculdade de Agricultura, J.A.U., Junagadh, por terem disponibilizado as instalações necessárias durante este estudo.

Estou muito grato ao **Dr. B. K. Sagarka,** Professor e Diretor do Departamento de Agronomia, J.A.U., Junagadh, pelas suas valiosas sugestões e por disponibilizar as instalações necessárias para a realização da minha experiência de investigação, bem como pela sua cooperação, encorajamento e cuidado sempre disponíveis.

Estou sinceramente grato ao **Dr. R. K. Mathukia**, ao **Dr. R. M. Solanki**, ao **Dr. P. K. Chovatia**, ao **Dr. V. B. Bhalu**, ao **Prof. M. C. Chopra**, ao **Dr. B. S. Gohil**, ao **Dr. P. J. Gohil** e a todos os membros do pessoal do Departamento de Agronomia, J.A.U., Junagadh, por terem fornecido orientação e ajuda necessária durante o período de estudo.

Agradeço a ajuda e a generosa cooperação prestadas pelo **Dr. S. G. Savalia**, Professor e Diretor, **Dr. J. V. Polara, Dr. A. V. Rajani, Dr. K. B. Parmar** e **Prof. A. S. Jadeja** Department of Agricultural Chemistry & Soil Science, J.A.U., Junagadh.

Agradeço sinceramente aos membros do pessoal da Biblioteca Central, da secção "C" do gabinete do diretor e da secção de exames do gabinete do secretário pela sua cooperação durante o meu estudo.

Estou muito grato aos meus queridos amigos Kuldeep, Nathu, Raghavendra, Sonali, Chirag, Ashish, Ramdayal, Rishiraj, Vikas, Bramhaputra, Nayan, Kiran, Arpita, Aditi, Radha, Maharshi, Neeta, Harmisha, Hiteshwari, Naimish, Sagar, Vishal e os meus superiores Rahulbhai, Maheshbhai, Vinodbhai, Dhavalbhai, Vipulbhai, Danabhai e os meus queridos colegas pela sua ajuda atempada e pela sua amável cooperação durante o meu estudo e trabalho de campo.

A dicção não é suficiente para exprimir a minha gratidão ao meu pai **Shree Mansukhbhai Parmar**, à minha mãe **Sharadaben Parmar**, ao meu irmão **Vimal,** aos meus tios Mukesh Parmar, Mahesh Parmar e Jayant Parmar pelo seu amor desinteressado, afeto filial, encorajamento constante, sacrifícios obstinados, orações sinceras, expectativas e bênçãos que sempre foram uma fonte vital de inspiração na minha vida.

A todos os que citei, os meus mais sinceros agradecimentos e aos que não citei, saibam que, apesar de não terem sido citados nesta obra, não são desconhecidos para mim e que os meus agradecimentos são muito maiores.

Acima de tudo, ofereço a minha mais profunda reverência, adoração e agradecimento ao Senhor, que está sempre comigo em todas as minhas tentativas, conduzindo-me da ignorância ao conhecimento e das trevas à luz com as mãos mais amorosas.

(Parmar Pratik)

CAPÍTULO - I

INTRODUÇÃO

As leguminosas são uma dádiva maravilhosa da natureza para a agricultura. Proporcionam nutrição aos seres humanos e aos animais. A Índia é um dos principais países produtores de leguminosas do mundo, representando cerca de um terço da área total cultivada com leguminosas e um quarto da produção total. As leguminosas ocupam uma posição-chave na dieta indiana e satisfazem cerca de 30% das necessidades diárias de proteínas. Entre as culturas alimentares, as leguminosas são um grupo importante que ocupa uma posição distinta no mundo da agricultura devido ao seu elevado teor de proteínas. A importância das leguminosas é relativamente maior no nosso país, uma vez que a sua contribuição para o fornecimento de nutrientes é muito maior na dieta indiana do que na Ásia e no mundo em geral. Entre as leguminosas, o grão-de-bico é uma importante cultura da estação *rabi* com elevada aceitabilidade e utilização alargada no cabaz alimentar nutricional (Singh, 2011).

O grão-de-bico (*Cicer arietinum* L.) pertence ao género *Cicer,* tribo *Cicereae,* família *fabaceae* e subfamília *Papilionaceae.* Tem um número de cromossomas 2n=16. A origem da cultura é considerada na Ásia Ocidental, de onde se espalhou para a Índia e outras partes do mundo (Ali e Kumar, 2001). Existem dois tipos distintos de grão-de-bico, o "Kabuli" (também conhecido como *macrosperma*) e o "Desi" (também conhecido como *microsperma*). A cor do grão-de-bico do tipo "Desi" (*Cicer arietinum* L.) varia entre o castanho e o amarelo e as sementes são normalmente de tamanho pequeno. Trata-se de um grupo de grão-de-bico muito cultivado. As sementes de grão-de-bico "Kabuli" (*Cicer kabulium* L.) são geralmente de cor branca cremosa, arrojadas e atractivas. O grão-de-bico também é conhecido por diferentes nomes em vários países, tais como grama, grama de bengala, chana, pois, hoos, hommos, grao-de-beco e garbanzo.

O grão-de-bico é consumido principalmente sob a forma de sementes inteiras transformadas (cozidas, assadas, tostadas, fritas, cozidas a vapor, germinadas, *etc.*) ou *dal* ou como farinha de grama (*Besan*). É utilizada na preparação de uma variedade de aperitivos, doces e condimentos. É misturada com farinha de trigo para o fabrico de "chapati". As sementes verdes frescas e as folhas verdes são consumidas como legumes verdes. Os grãos também são utilizados como legumes (*Chhole*). A casca e os pedaços de *dal* são utilizados como alimento nutritivo para os animais. O grão-de-bico também pode ser utilizado como forragem verde para os animais.

Os componentes essenciais de um alimento nutricional equilibrado são as proteínas, as gorduras, as fibras e os nutrientes minerais. O grão-de-bico é uma boa fonte de proteínas. Contém 17-21% de proteínas, 62% de hidratos de carbono, 4% de gordura e é uma fonte rica em fósforo, cálcio, ferro, niacina, vitamina C (na fase verde) e vitamina B1. O grão-de-bico contém quantidades significativas de todos os aminoácidos essenciais, com exceção dos aminoácidos que contêm enxofre. As suas folhas verdes contêm ácido málico e oxálico, que tem valor medicinal para a purificação do sangue e também para efeitos intestinais. O teor energético médio do grão-de-bico é de 347 Kcal/100g de matéria seca (Ofuya e Akhidue, 2005). Para além de ser uma fonte rica de proteínas, é também uma importante cultura de rotação/mista para uma agricultura sustentável. Melhora as propriedades físico-químicas e biológicas do solo e funciona como uma mini-fábrica de azoto. As suas raízes profundas também abrem o solo, o que garante um melhor arejamento, e a forte queda de folhas aumenta a matéria orgânica do solo. Pode fixar grandes quantidades de azoto através da simbiose.

O grão-de-bico é cultivado principalmente em mais de 50 países, incluindo a Índia, o Paquistão, a Turquia, o Irão, Myanmar, a Austrália, a Etiópia, o Canadá, o México e o Iraque (Gaur *et al.*, 2010). O grão-de-bico é a terceira leguminosa mais consumida no mundo (Singh, 1990). Na Índia, a área cultivada com grão-de-bico foi de 8,39 milhões de hectares, com uma produção de 7,06 milhões de toneladas e uma produtividade de 840 kg ha^{-1} durante a época *rabi* de 2015-16. Os principais estados produtores de grão-de-bico são Madhya Pradesh, Rajasthan, Uttar Pradesh, Maharashtra, Haryana, Karnataka, Andhra Pradesh, Gujarat, Bihar e Bengala Ocidental.

Em Gujarat, as regiões de *Ghed* (distritos de Junagadh e Porbandar) e *Bhal* (distritos de Kheda, Ahmedabad, Bhavnagar e Surendranagar) são as principais áreas de cultivo de grão-de-bico. A área média cultivada com grão-de-bico em Gujarat durante 2015-16 foi de 0,12 milhões de hectares, com uma produção total de 0,15 milhões de toneladas e uma produtividade de 1330 kg ha^{-1} (Anon, 2016). Mas a produtividade do estado de Gujarat é baixa em comparação com outros estados. As razões para a baixa produtividade do grão-de-bico em Gujarat podem dever-se ao cultivo da cultura na humidade residual do solo, à falta de nutrição equilibrada, ao desenvolvimento de deficiências de nutrientes nos solos que não o NPK, à época de sementeira inadequada e à aplicação deficiente de micronutrientes.

Entre todos os factores agronómicos, a fertilização adequada está em primeiro lugar e é considerada como um dos factores de produção mais produtivos na agricultura. As novas variedades com elevada capacidade de fertilização e práticas agronómicas melhoradas só podem expressar todo o seu potencial de rendimento quando são aplicadas quantidades adequadas de fertilizantes contendo micronutrientes juntamente com fertilizantes NPK (Singh e Tripathi, 1974). Na agricultura moderna, os micronutrientes estão a tornar-se deficientes de dia para dia devido ao cultivo intensivo de variedades de culturas de alto rendimento com fertilizantes de alta análise, que não só reduzem a produtividade das culturas como também deterioram a qualidade dos produtos.

Os micronutrientes são essenciais para o crescimento normal das plantas. As deficiências de micronutrientes afectam drasticamente o crescimento, o metabolismo e a fase reprodutiva das plantas, dos animais e dos seres humanos. A malnutrição por micronutrientes afecta mais de metade da população mundial, principalmente nos países em desenvolvimento (Alloway, 2008) e, em particular, as deficiências de Fe e Zn na nutrição humana são muito comuns nos países asiáticos em desenvolvimento, incluindo a Índia. Embora estes nutrientes sejam micro em termos de absorção, as suas contribuições são tão importantes como as dos macronutrientes. Os micronutrientes que limitam a produtividade do grão-de-bico, por ordem de importância, são Zn>Fe>B (Ahlawat *et al.*, 2007).

A cultura do grão-de-bico é principalmente cultivada em solos não irrigados, onde o stress hídrico afecta frequentemente a produtividade e a estabilidade do rendimento (Kurdali, 1996), uma vez que estes solos são geralmente empobrecidos, com baixa fertilidade nativa. A fertilização é uma das principais estratégias de gestão agronómica para melhorar a qualidade nutricional dos grãos de grão-de-bico, para além do seu papel no aumento da produtividade (Pathak *et al.*, 2012). Os micronutrientes contribuem substancialmente para alcançar uma maior produção através dos seus efeitos na própria planta e da sua influência na absorção efectiva dos nutrientes principais e secundários. O zinco (Zn) é o principal micronutriente que limita a produtividade do grão-de-bico.

A importância agronómica do grão-de-bico está ligada ao seu teor de proteínas de alta qualidade e a outros minerais essenciais, especialmente micronutrientes (Hulse, 1991). Cerca de 49% dos solos indianos são deficientes em zinco (Prasad *et al.*, 2006) e foi registada uma resposta à aplicação de Zn numa série de culturas, incluindo o grão-de-bico (Katyal *et al.*, 2004 e Tripathi *et al.*, 1997). Uma estimativa recente indica que quase metade da população mundial sofre de deficiência de Zn (Cakmak, 2008). Wuehler *et al.* (2005) referiram que se estima que cerca de 20,5% da população mundial está em risco de ingestão inadequada de Zn, sendo a percentagem de indivíduos em risco mais elevada no Sudeste Asiático (33%), seguida da África Subsariana (28%), do Sul da Ásia (27%), da América Latina e das Caraíbas (25%).

O zinco é um nutriente essencial para as culturas, uma vez que é um dos principais componentes metálicos de muitas enzimas (desidrogenase, proteinase, peptidase, etc.), impulsiona a síntese de proteínas e clorofila, ajuda na utilização de N e P nas plantas e promove a maturação e produção de sementes (Malvi, 2011). É também responsável por resistir a alterações de pH no citoplasma. O zinco está envolvido no metabolismo das auxinas, como a síntese de triptofano e o metabolismo das triptaminas. O zinco desempenha um papel importante na síntese de proteínas. Está associado à absorção e retenção de água nas plantas. Sabe-se que o zinco estimula a resistência das plantas ao tempo seco e quente e também a doenças bacterianas e fúngicas. O zinco estabiliza a fração ribossomal nas plantas.

O nutriente zinco está a ser alvo de grande atenção, uma vez que se verificou que a aplicação de zinco em muitas leguminosas aumenta a nodulação, a fixação biológica de azoto e o rendimento (Shukla e Yadav, 1982). O zinco, sendo um micronutriente essencial, participa ativamente nas actividades metabólicas das plantas. O zinco é direta ou indiretamente necessário a vários sistemas enzimáticos, à auxina, à síntese proteica, à produção de sementes e à taxa de maturação. Pensa-se que o zinco promove a síntese de ARN, que por sua vez é necessária para a redução de proteínas. O zinco está relacionado com o funcionamento do composto sulfidrilo, como a cisteína, na regulação do potencial de oxidação-redução nas células vegetais.

O grão-de-bico é geralmente considerado altamente sensível à deficiência de Zn, que é comum nas principais áreas de cultivo de grão-de-bico do mundo, o que resulta numa redução do rendimento e num atraso na maturidade da cultura (Ahlawat *et al.*, 2007). Em geral, cada tom de semente de grão-de-bico remove 38 g de Zn. Um relatório recente de Shivay *et al.* (2014) revelou que a aplicação de Zn teve um efeito positivo no rendimento de grãos e na concentração de Zn nas sementes, especialmente em solos deficientes em Zn de Delhi. A aplicação de Zn através de pulverização foliar nas fases de vegetação, floração e enchimento de grãos foi relatada melhor do que a sua aplicação no solo e resulta em maiores rendimentos de grãos e palha, biofortificação de grãos com Zn e absorção de Zn pelo grão-de-bico (Shivay *et al.*, 2015).

As leguminosas são uma fonte primária de alimentação e, quando combinadas com cereais, fornecem uma composição de aminoácidos nutricionalmente equilibrada, com um rácio próximo do ideal para os seres humanos. Recentemente, os preços das leguminosas no país aumentaram significativamente em comparação com os de outras culturas alimentares, devido ao maior consumo de leguminosas em refeições rápidas, o que as colocou fora do alcance das massas pobres. O declínio da disponibilidade per capita de leguminosas indica que o ritmo do desenvolvimento tecnológico não conseguiu acompanhar a procura crescente.

A produção total de leguminosas do país atingiu a cifra mágica de 19,25 milhões de toneladas durante 2014-15 (Anon, 2016), mas isso ainda não é suficiente para a população cada vez maior e sua demanda nutricional. Por conseguinte, o fornecimento de um alimento biofortificado é obrigatório para garantir a segurança nutricional da saúde pública. O consumo frequente de leguminosas é atualmente recomendado pela maioria das organizações de saúde para uma nutrição equilibrada (Leterme, 2002). A biofortificação promete uma melhor acessibilidade nutricional às massas, superando vários obstáculos e chegando à porta (Sharma *et al.*, 2017).

Ao contrário das plantas, os seres humanos também necessitam de micronutrientes e proteínas essenciais para o funcionamento fisiológico normal do organismo (Singh *et al.*, 2015). O processo de adição de vitaminas ou minerais às culturas, a fim de melhorar o seu teor global de nutrientes, é designado por biofortificação, que se mantém durante um longo período, o que a torna uma forma rentável de superar a desnutrição por micronutrientes. A biofortificação é de dois tipos: biofortificação genética e biofortificação agronómica. O desenvolvimento de cultivares de culturas com elevada concentração de micronutrientes nos grãos através da engenharia genética é conhecido como biofortificação genética, que é um processo complexo e moroso. O aumento de um determinado nutriente através da adição de fertilizantes ao solo ou à folhagem na forma, no momento e nas fases de crescimento adequados da cultura é conhecido como biofortificação agronómica, que constitui uma solução simples e rápida para os problemas globais de subnutrição por micronutrientes.

O zinco continua a representar um importante problema de saúde nos países em desenvolvimento, causado principalmente por uma ingestão alimentar inadequada. Do ponto de vista agronómico, o fornecimento de zinco através da estratégia de fertilização do solo ou foliar em condições de campo é fundamental, o que pode aumentar o crescimento e o rendimento das culturas através de uma melhor germinação, vigor das plântulas e tolerância ao stress, particularmente em solos deficientes em Zn. Além disso, a biofortificação de grãos com Zn pode trazer efeitos benéficos para a saúde humana, ajudando a superar a desnutrição na população com dietas à base de cereais (Cakmak, 2008).

Na região de *Saurashtra*, o grão-de-bico é cultivado como uma cultura remuneradora de baixo custo devido à sua menor necessidade de água e ao seu elevado preço de mercado, em comparação com outras leguminosas. A deficiência de zinco é uma das deficiências de micronutrientes mais frequentes nas leguminosas na maioria dos solos de algodão negro. A negligência na aplicação de estrume orgânico e a grande ênfase nos principais nutrientes num sistema de cultivo intensivo conduzem à deficiência de alguns micronutrientes, especialmente Zn e Fe. O resultado é a produção de sementes de leguminosas para grão com baixo valor nutritivo, que causam uma desnutrição generalizada nos consumidores.

A biofortificação é considerada como uma estratégia para lidar com o fardo persistente da desnutrição por micronutrientes, especificamente através da melhoria da concentração de zinco. No entanto, até à data, não foi realizado nenhum trabalho de investigação sistemático sobre a biofortificação da cultura do grão-de-bico para avaliar este tipo de intervenção complexa no domínio da saúde pública que combina agricultura e nutrição na região de *Saurashtra*, em Gujarat. Tomando nota dos pontos destacados acima, a presente investigação intitulada "Biofortificação de zinco em variedades de grão-de-bico (*Cicer arietinum* L.) através de sementes, solo e aplicação foliar" foi realizada na Fazenda Instrucional, Universidade Agrícola de Junagadh durante a temporada de *rabi* de 2017-18 com os seguintes objetivos.

Objectivos

1. Estudar a resposta de biofortificação do zinco através do crescimento, rendimento e qualidade do grão-de-bico.

2.   Estudar a eficiência da aplicação de Zn através de sementes, solo e pulverização foliar no teor e absorção de Zn no grão-de-bico.

3.   Determinar a economia da biofortificação do zinco no grão-de-bico através de interações agronómicas.

CAPÍTULO - II

REVISÃO DA LITERATURA

Neste capítulo, foi feito um esforço para apresentar uma breve descrição das investigações efectuadas em diferentes locais que envolvem vários aspectos do presente inquérito. Embora se tenha tentado citar a maior quantidade possível de literatura sobre o grão-de-bico, não há muitos trabalhos sobre o grão-de-bico que sejam relevantes para o tipo de estudo efectuado. Por conseguinte, a influência dos micronutrientes, especialmente do Zn, no grão-de-bico e em algumas outras culturas aliadas que estão direta ou indiretamente relacionadas com o tema é brevemente analisada nos seguintes subtítulos:

2.1 Necessidade de biofortificação

2.2 Efeito da fertilização com zinco

2.2.1 Efeito da fertilização com zinco nos parâmetros de crescimento do grão-de-bico.

2.2.2 Efeito da fertilização com zinco nos atributos de rendimento e no rendimento do grão-de-bico.

2.2.3 Efeito da fertilização com zinco no teor e absorção de nutrientes no grão-de-bico.

2.2.4 Efeito da fertilização com zinco nos parâmetros de qualidade do grão-de-bico.

2.2.5 Efeito da fertilização com zinco nos nutrientes disponíveis no solo.

2.2.6 Economia da biofortificação de zinco no grão-de-bico.

2.1 Necessidade de biofortificação

A falta de micronutrientes, como o ferro e o zinco, é um problema generalizado de nutrição e saúde nos países em desenvolvimento. A biofortificação é o processo de enriquecimento do teor de nutrientes das culturas de base. A biofortificação proporciona uma solução sustentável para a deficiência de ferro e zinco nos alimentos em todo o mundo.

O Grupo Consultivo para a Investigação Agrícola Internacional (CGIAR) deu maior ênfase à biofortificação através do Programa de Desafio "HarvestPlus" e melhorou o teor de micronutrientes das culturas de base (arroz, trigo, milho, feijão, mandioca, milho-miúdo e batata-doce) através de abordagens biotecnológicas e de melhoramento genético (Timothy e Pablo, 2007).

O desenvolvimento de estratégias ecológica e economicamente viáveis para prevenir a deficiência de ferro/zinco representa o objetivo crucial da biofortificação das culturas. Numa experiência agronómica em estufa conduzida por Gunes *et al.,* (2007) durante a época *rabi* 2005-06 no Egito, revelaram que a cultura intercalar de grão-de-bico (cv. Gokce) e trigo (cv. Bejostaja) na proporção de 1:2, a concentração de Zn na semente de grão-de-bico foi significativamente 2,82 vezes superior à da cultura monocultura. Sugeriram que, se a qualidade nutricional destas culturas de base puder ser melhorada através de culturas mistas, a nutrição humana será beneficiada.

Kaya *et al.* (2009) referiram que a deficiência de micronutrientes afecta mais de 3 mil milhões de pessoas, na sua maioria mulheres, bebés e crianças em todo o mundo. O enriquecimento da contribuição nutricional das culturas de base através do melhoramento vegetal, das culturas transgénicas e da fertilização mineral, bem como as culturas intercalares/mistas, são ferramentas importantes na luta contra a desnutrição humana (Zuo e Zhang, 2009).

Zayed *et al.* (2011) realizaram uma experiência para determinar o efeito de micronutrientes (14% Zn e 12% Fe) aplicados duas vezes aos 20 e 45 DAT, isoladamente ou em combinação uns com os outros, quer como aplicação foliar ou no solo, no rendimento de grãos de arroz em condições salinas. Relataram que a produção de matéria seca, o índice de área foliar e o teor de clorofila (valor SPAD), bem como a altura da planta e o comprimento da panícula foram significativamente mais elevados quando a planta de arroz recebeu o micronutriente, em comparação com o controlo (sem fertilização).

Murgia *et al.* (2012) referiram que as deficiências de micronutrientes são responsáveis pela chamada "subnutrição oculta".

Khush *et al.* (2012) estudaram as deficiências dos micronutrientes e verificaram que o ferro, o zinco e a vitamina A são os mais devastadores entre os pobres do mundo. O CGIAR deu maior ênfase à biofortificação através do programa de desafios "Harvest Plus" e melhorou o teor de micronutrientes das culturas de base (arroz, trigo, milho, feijão, mandioca, painço e batata-doce) através de abordagens biotecnológicas e de melhoramento genético.

Boldrin *et al.* (2013) estudaram o efeito de diferentes formas e fontes de aplicação de Se no crescimento do arroz e no rendimento do grão e revelaram que a biofortificação agronómica do arroz com Se, tanto no solo como por aplicação foliar, poderia ser utilizada para aumentar o teor de Se nas partes comestíveis, o que poderia resultar em benefícios para a saúde.

Os resultados de Singh *et al.* (2015) inferiram que a aplicação de uma irrigação e a fertifortificação combinada (RDF com pulverização foliar de ureia @ 2% + ferro @ 0,3% + zinco @ 0,5%) poderia ser a estratégia potencial para alcançar maior rendimento de grão-de-bico (var. DCP 92-3) e segurança nutricional da população vegetariana na Índia.

2.2 Efeito da fertilização com zinco

2.2.1 Efeito da fertilização com zinco nos parâmetros de crescimento

Singh e Gupta (1986), numa experiência em estufa em Hissar (Haryana), examinaram a resposta do grão-de-bico à fortificação com zinco, utilizando 27 solos das regiões tropicais semiáridas. Referiram que a adição de Zn ao solo aumentou significativamente o rendimento em matéria seca de rebentos, grãos e palha de plantas com 6 semanas de idade, a um nível de 5 mg kg^{-1} .

Saxena e Rewari (1991), em Nova Deli, examinaram as sementes de grão-de-bico semeadas em areia de rio com um nível de salinidade de 4,34 ou 8,3 dS m^{-1} com três níveis de Zn (2,5, 5 e 10 ppm) e dois níveis de P (20 e 40 ppm). Eles relataram que a aplicação de Zn a 5 ppm e P a 20 e 40 ppm melhorou o crescimento e a nodulação em ambos os níveis de salinidade.

Enania e Vyas (1994) efectuaram um ensaio de campo com grão-de-bico na estação *rabi* em Udaipur (Rajasthan) e verificaram que a aplicação de zinco (0-7,5 kg Zn ha^{-1}) aumentou o rendimento de matéria seca por planta.

Masood e Mishra (2000) observaram que o uso de 20-30 kg S ha^{-1} com Zn, B, Mo e Fe melhorou a produtividade das culturas de leguminosas.

Misra *et al.* (2002) estudaram os efeitos da alcalinidade e das taxas de Zn (0, 10, ou 20 mg kg^{-1} como sulfato de zinco) no desempenho de cultivares de grão-de-bico, ervilha e lentilha em solo deficiente em zinco em condições de estufa. Observaram que a aplicação de Zn @ 20 mg kg^{-1} aumentou significativamente a nodulação das raízes, o peso seco e o teor de N dos nódulos das raízes e o peso seco total das plantas de grão-de-bico, ervilha e lentilha.

Uma experiência foi conduzida por Khan *et al.* (2003), na Austrália, para avaliar o efeito da fertilização com zinco na cultura do grão-de-bico e relatou que houve um aumento significativo na produção de matéria seca com a aplicação de zinco.

Ahlawat *et al.* (2007) referiram que, de entre os micronutrientes, a deficiência de zinco é a mais generalizada e é comum nas regiões de cultivo de grão-de-bico do mundo. O grão-de-bico é geralmente considerado sensível à deficiência de Zn, embora existam diferenças de sensibilidade à deficiência de Zn entre as variedades. No entanto, a magnitude das perdas de rendimento devidas à deficiência de nutrientes também varia consoante os nutrientes (Ali *et al.*, 2008).

Karwasra e Kumar (2007) observaram que a aplicação de Zn @ 5,0 e 7,5 kg ha^{-1} foi superior em termos de peso de matéria seca por planta em grão-de-bico.

Khorgamy e Farnia (2009) realizaram uma experiência no Irão durante 2005-06 para verificar o efeito da fertilização com P e Zn em cultivares de grão-de-bico (Arman e ILC-482) e revelaram que tanto o P como o Zn tiveram efeitos significativos na altura da planta, número de ramos principais, número de nós no ramo principal; índice de sementes, rendimento de sementes, rendimento biológico, concentração de zinco (grão) e teor de proteínas (grão). No entanto, foi observada uma correlação negativa (efeito antagónico) entre a concentração de P e Zn no grão de grão-de-bico.

Yadav *et al.* (2010) realizaram uma experiência de campo durante a época de *rabi* de 19992000 em solos franco-siltosos (pH-8,4) em Faizabad (Uttar Pradesh) para estudar o efeito do método de sementeira e dos níveis de sulfato de zinco no grão-de-bico em condições de sequeiro e referiram que cada aumento sucessivo dos níveis de sulfato de zinco até 20 kg ha^{-1} registou um melhor crescimento na cultura de grão-de-bico de sequeiro.

Gupta e Sahu (2012) realizaram uma experiência de campo durante 2004-05 e 2005-06 para estudar o efeito de micronutrientes (Zn @ 25 kg ha^{-1}) na cultura de grão-de-bico cultivada com uma irrigação em vertisol (com 2,15 mg kg^{-1} Zn) isoladamente e em combinação com inoculações *de Rhizobium+PSB*. Descobriram que a aplicação de ZnSO4 @ 25 kg ha^{-1} aumentou significativamente o nódulo e o peso seco total da planta aos 45 dias de sementeira.

Pathak *et al.* (2012) realizaram uma experiência em estufa em Lucknow (Uttar Pradesh) para melhorar a eficiência reprodutiva do grão-de-bico (var. BG 1053) através da aplicação foliar de zinco. Os resultados revelaram que a aplicação foliar de zinco aumentou a concentração de Zn no grão e na palha do grão-de-bico. No entanto, a aplicação foliar de Zn a plantas com Zn suficiente fez poucas diferenças no número de flores e sementes, sugerindo que, para além de um requisito ótimo, a aplicação de Zn não melhora a floração e os rendimentos reprodutivos do grão-de-bico.

Pooniya *et al.* (2012) realizaram uma experiência de campo durante as duas estações chuvosas consecutivas de 2008 e 2009 no IARI, Nova Deli, para estudar os efeitos das culturas de verão em verde e da fertilização com zinco na produtividade e economia do arroz basmati. Eles relataram um aumento significativo na altura da planta devido à fertilização com Zn em ambos os anos. A maior altura de planta, alto número de perfilhos e maior acúmulo de matéria seca aos 30, 60 e 90 dias após o transplante foram observados com 2,0% de uréia enriquecida com Zn (ZEU) em ambos os anos. Indicaram que a incorporação de resíduos de *S. aculeata* + 2% de ZEU como ZnSO4.H2O melhorou significativamente as actividades microbianas do solo, que são vitais para a rotação de nutrientes e a produtividade a longo prazo do solo.

Habbasha *et al.* (2013) realizaram uma experiência de campo durante as estações de inverno de 2010-11 a 2011-12 na Província de Nubaria (Egito) sobre a fertilização com N com ou sem pulverização foliar de Zn (0,2% ZnSO4) e o seu efeito em cultivares de grão-de-bico (Giza-2 e Giza-88) nas fases de floração e enchimento de sementes. Relataram que a aplicação combinada de N (basal) e Zn (foliar) em diferentes fases de crescimento resultou em efeitos significativos na altura da planta, número e peso de vagens por planta, produção de sementes por planta e sementes, palha e rendimentos biológicos de grão-de-bico em comparação com a aplicação sem Zn.

Hadi *et al.* (2013) realizaram uma experiência nos campos de investigação da empresa RAN em Firouzkouh (Irão) durante 2011, com três níveis de irrigação (parcelas principais) e dois níveis de pulverização foliar de zinco (controlo e pulverização foliar) em subparcelas. O estudo revelou que a aplicação foliar de zinco teve efeitos positivos na altura das plantas, no número de ramos por planta e na produção de sementes de grão-de-bico.

Venkatesh *et al.* (2013) estudaram o efeito da nutrição de Zn na acumulação de biomassa em grão-de-bico (*Cicer arietinum* L.) e lentilha (*Lens esculantus* L.) com diferentes dez níveis de Zn (0, 2,5, 5,0, 7,5, 10,0, 12,5, 15,0, 20,0, 30.0, 50.0 µg Zn g^{-1} solo) criados no solo através da adição de ZnSO4 e observou que a concentração de Zn nos tecidos estava moderada a altamente correlacionada com a produção de matéria seca em grão-de-bico (r2=0.564-0.879) e lentilha (r2=0.445-0.864) até 60 DAS. Com base na relação quadrática com a produção de matéria seca, a concentração crítica de Zn nos tecidos variou de 38,0 a 44,3 micro g g^{-1} para o grão-de-bico e de 30,6 a 64,5 micro g g^{-1} para a lentilha.

Rakesh e Jitendra (2014) realizaram uma experiência de campo durante as estações *pré-kharif* de 2012 e 2013 em Varanasi (Uttar Pradsesh) para estudar o efeito da fertilização NPK (100% e 125% RDF), S (0, 25 e 50 kg S ha^{-1}) e Zn (0, 5 e 10 kg Zn ha^{-1}) no crescimento, rendimento, economia e qualidade do milho bebé. Relataram que a aplicação de zinco melhora o rendimento e os componentes do rendimento através de vários mecanismos, por exemplo, melhora o teor de clorofila e desencadeia a atividade fotossintética e a síntese de auxinas, o que leva a um melhor crescimento e desenvolvimento da cultura, ampliando assim eficazmente o rendimento e os componentes do rendimento do milho.

Jha *et al.* (2015) realizaram uma experiência de campo durante a estação *kharif* de 2013 em Udaipur (Rajastão), num solo argiloso, para estudar o efeito de fontes orgânicas e inorgânicas de nutrientes no rendimento e na economia da blackgram (cv. PU-31). O resultado indicou que a aplicação de ZnSO4 @ 5 kg ha^{-1} registou uma acumulação de matéria seca significativamente mais elevada no blackgram em relação ao resto dos tratamentos.

Estudos realizados por Kayan *et al.* (2015) durante 2012-13 em solos calcários siltosos em condições de sequeiro de Eskisehir (Turquia) para determinar o efeito da aplicação foliar de quelato de zinco (0, 0,2, 0,4, 0,6 e 0,8%) e ZnSO4 (23% Zn) no rendimento do grão-de-bico (cv. Gokce) e concluíram que a altura da planta do grão-de-bico aumentou significativamente com a aplicação de Zn até 0,6%. Uma dose de 0,6% de Zn-EDTA foi considerada óptima para o enriquecimento de Zn nas sementes de grão-de-bico.

Siddiqui *et al.* (2015) realizaram uma experiência em estufa em Nova Deli, em vasos cheios de areia com níveis constantes de zinco e quantidades variáveis de P (0, 13,5 e 27,0 mg P kg^{-1}) com dois genótipos de grão-de-bico IC-269837 e IC-269867 com alta e baixa capacidade de acumulação de Zn, respetivamente. Observaram que os nutrientes das plantas são a principal fonte para melhorar a qualidade e a quantidade de grão-de-bico. A indisponibilidade de nutrientes é um grande obstáculo à produtividade das culturas e à fertilidade do solo, onde a utilização desequilibrada dos nutrientes das plantas afecta marcadamente o crescimento, o desenvolvimento e o rendimento das sementes do grão-de-bico.

Hidoto *et al.* (2016) realizaram uma experiência de campo em três locais no sul da Etiópia durante 2012 e 2013 com solos deficientes em Zn para avaliar as abordagens agronómicas para aumentar o teor de Zn das sementes e a produtividade do grão-de-bico. Eles relataram que a fertilização com zinco não teve efeito significativo na altura da planta, no número de ramos com vagens e na biomassa acima do solo. A aplicação de 25 kg de ZnSO4 ha^{-1} resultou em 7, 8 e 10% mais zinco nas sementes, teor de zinco na palha e rendimento de zinco nas sementes em relação ao controlo, respetivamente, e foi recomendada para o enriquecimento de zinco do grão-de-bico em solos deficientes em zinco no sul da Etiópia.

Ingle *et al.* (2016) estudaram o efeito da pulverização foliar de Zn (0, 0,5, 1,0 e 1,5%) e ferro no crescimento, rendimento e qualidade do gladíolo cultivado em solos vertisol de Nagpur (Maharashtra) durante a estação *rabi* 2013-14. O resultado mostrou que os dias necessários para a emergência da primeira espiga no gladíolo foram significativamente influenciados pela pulverização de Zn. A pulverização foliar de Zn (1,0%) levou significativamente o mínimo de dias (63,2) para a emergência e foi encontrada estatisticamente a par com 1,5% (67,83 dias) e 1,0% Zn (67,8 dias) do que nenhuma pulverização de Zn (71,3 dias). A floração precoce do gladíolo e a emergência da primeira espiga foram observadas com a aplicação de 1,0% de Zn, o que pode ser devido ao facto de o zinco desempenhar um papel vital no crescimento e desenvolvimento da planta devido ao seu efeito estimulador e catalisador em vários processos fisiológicos e metabólicos da planta.

Uma experiência realizada por Sajid *et al.* (2016) em Peshawar durante o verão de 2011 para estudar a influência do Zn (aplicação no solo e foliar) no crescimento e rendimento do quiabeiro revelou que, no caso de 50% de floração, a pulverização foliar de Zn resultou numa floração significativamente mais precoce (50,1 dias) do que a aplicação no solo (51,5 dias). A floração a 50% foi atrasada nas parcelas de controlo (51,2 dias).

Balai *et al.* (2017) realizaram uma experiência de campo em solos franco-arenosos de Bikaner (Rajastão) para avaliar a influência da fertilização com zinco e relataram que doses crescentes de Zn até 6 kg ha^{-1} aumentaram significativamente a acumulação de matéria seca aos 60, 90 e 120 DAS em relação às parcelas de controlo.

Katiyar *et al.* (2017) estudaram o efeito de Zn, B e Mo no grão-de-bico (var. Awarodhi) em Satna (Madhya Pradesh) durante 2012-13 e observaram que o valor mais elevado de atributos de crescimento e rendimento, nomeadamente, altura da planta, n.º de ramos por planta, n.º de vagens por planta, n.º de grãos por vagem e peso de teste com a aplicação de Zn @ 5 kg ha^{-1} , B @ 2 kg ha^{-1} e Mo @ 400 g ha^{-1} , foi significativo.

2.2.2 Efeito da fertilização com zinco na produção e nos atributos da produção

Indulkar e Malewar (1991) efectuaram um ensaio de campo em Parbhani (Maharashtra) e referiram que a aplicação de zinco a 4 kg ha^{-1} sob a forma de sulfato de zinco, ureia zincada e enxofre zincado aumentou o rendimento das sementes de grão-de-bico.

Singh e Tiwari (1992) relataram que o grão-de-bico cv. K-850, K-468 e T-3 cultivado em Kanpur (Uttar Pradesh) recebeu 0, 2,2 ou 4,4 kg de Zn ha^{-1} e descobriram que o rendimento de sementes de grão-de-bico aumentou com níveis crescentes de aplicação de Zn.

Abd *et al.* (1991) relataram que o maior rendimento de sementes de grão-de-bico foi obtido com 25 ppm de Zn + 31 kg de P2O5 ou 15,5 kg de P2O5 + 50 ppm de Zn.

Gupta e Vyas (1994) observaram que o maior rendimento da soja foi obtido com a aplicação combinada de 40 kg de P2O5 + 15 kg de ZnSO4 ha^{-1} .

Enania e Vyas (1994) notaram que a aplicação de zinco a 7,5 kg ha^{-1} aumentou significativamente o número de vagens^{-1} , o número de sementes^{-1} e o rendimento de sementes e palha do grão-de-bico em relação ao controlo.

Kushwaha (1997) mostrou que a aplicação de sulfato de zinco a 25 kg ha^{-1} aumentou a produtividade do grão-de-bico até 22,2 por cento em relação ao controlo.

Sakal *et al.* (1998) verificaram que a aplicação de zinco aumentou progressivamente o rendimento de grãos do grão-de-bico de 14,50 para 19,00 q ha^{-1} e o rendimento de palha de 16,00 para 22,00 q ha^{-1} . A resposta do rendimento de grãos variou entre 150 e 450 kg ha^{-1} à medida que a dosagem de zinco aumentou de 2,50 para 10,00 kg ha^{-1} . O zinco a 5 kg foi considerado a dose ideal para o grão-de-bico.

Abo-Shetia e Soheir (2001) observaram que a pulverização foliar de zinco aumentou significativamente o número de vagens por planta, o peso das vagens por planta e o índice de sementes. Os valores mais elevados de rendimento de sementes e palha de grão-de-bico foram obtidos com a aplicação de zinco a 20 ou 40 ppm.

Brennan *et al.* (2001), numa experiência em estufa na Austrália, relataram que a resposta relativa do grão-de-bico a aplicações de Zn é maior do que a de outras culturas. A adição de Zn através do solo aumentou a produção de sementes de grão-de-bico em 9,0% em relação ao controlo.

Misra (2001) conduziu uma experiência em estufa sobre o desempenho de dez cultivares de grão-de-bico (Phule G5, L 550, GNG 146, ICCC 32, BG 26l, JG3 15, BMG 413, Radhey, KPG 24 e KPG 70) em solos sódicos com stress de zinco e com alcalinidade variável criada artificialmente. Verificaram que a aplicação de zinco no solo resultou numa melhoria significativa do rendimento dos grãos, induzindo a tolerância das culturas à alcalinidade. O zinco ajudou a reduzir a relação Na/K e Na/Ca+Mg nos tecidos do grão-de-bico.

Sawires (2001) referiu que a pulverização foliar com Zn (15 ou 30 ppm) aumentou significativamente o número de vagens por planta, o peso das vagens por planta, a produção de sementes e de palha de grão-de-bico em comparação com o controlo.

Sinha *et al.* (2003) referiram que a aplicação de Zn como pulverização foliar de uma solução a 0,5% ($ZnSO_4$) duas vezes com um intervalo de 10 dias aumentou o rendimento de grãos e palha num genótipo altamente suscetível de grão-de-bico.

Experiências conduzidas por Khan *et al.* (2003) na Austrália, para avaliar a fertilização com zinco na cultura do grão-de-bico, revelaram um aumento significativo no rendimento dos grãos com a aplicação de zinco quando havia humidade adequada. Verificaram também que a aplicação de zinco resultou numa melhoria da eficiência da utilização da água na cultura do grão-de-bico.

Sangwan e Raj (2004) realizaram experiências de campo durante as estações *rabi* de 1991-92 a 1995-96 (5 estações) em Hisar (Haryana) para avaliar o efeito da aplicação de Zn no solo (0, 5, 10 e 15 kg Zn ha^{-1}) no rendimento do grão-de-bico em condições de sequeiro. Os investigadores referiram que o rendimento médio dos grãos aumentou significativamente, na ordem dos 35%, com a fertilização com zinco em relação ao controlo (sem aplicação de Zn).

Mut e Gulumser (2005) relataram que, com diferentes taxas de aplicação de zinco (0, 0,28 e 0,7 ppm), a submissão de Zn @ 0,28 ppm deu o maior rendimento de sementes de grão-de-bico.

Singh *et al.* (2005) realizaram uma experiência de campo durante as estações de inverno *(rabi)* de 1995-96 a 1997-98 em Faizabad para verificar a resposta do grão-de-bico a 4 níveis de P (0, 20, 40 e 60 kg ha^{-1}) e 4 níveis de Zn (0, 3, 6 e 9 kg ha^{-1}) em condições de sequeiro no leste do Uttar Pradesh. Os autores referiram que a aplicação de zinco a 9 kg ha^{-1} registou um aumento significativo da produção de grão de grão-de-bico, da produção de biomassa e dos rendimentos líquidos, em comparação com os níveis inferiores.

Ahlawat *et al.* (2007) concluíram que a deficiência de Zn reduz a nodulação das raízes e a fixação de azoto, o que contribui para uma diminuição do rendimento da cultura do grão-de-bico.

Sharma e Abrol (2007) descobriram que a aplicação de zinco @ 5 kg ha^{-1} aumentou significativamente o rendimento do grão e a concentração de zinco no grão e no caule do grão-de-bico.

Kaya *et al.* (2009) realizaram uma experiência de campo na quinta experimental de investigação da Universidade Suleyman Demirel (Turquia) em solos argilosos para estudar a atividade da fitase, o ácido fítico, o zinco, o fósforo e os teores de proteínas em diferentes genótipos de grão-de-bico em relação à fertilização com azoto e zinco. Observaram que o rendimento do grão de bico aumentava com o aumento da aplicação de Zn e N no solo.

Khorgamy e Farnia (2009) estudaram os três níveis de zinco (0, 10 e 20 kg ha^{-1}) aplicados como sulfato de zinco e observaram uma melhoria significativa no número de sementes por vagem, peso de 100 sementes, rendimento de sementes, rendimento biológico e índice de colheita de grão-de-bico.

Valenciano *et al.* (2010) realizaram uma experiência em vaso de 2006 a 2008 em solos argilosos do noroeste de Espanha para avaliar a resposta da aplicação de Zn no grão-de-bico e mostraram que a aplicação de zinco aumenta os atributos de rendimento, nomeadamente vagens por planta, peso de 1000 sementes e, finalmente, o rendimento de sementes do grão-de-bico. Observaram que a aplicação de Zn no solo aumenta o crescimento do grão-de-bico devido ao aumento do peso seco das vagens, incluindo as sementes. O rendimento mais baixo das plantas foi obtido quando a aplicação de Zn não foi efectuada (2,55 g de planta^{-1}). O rendimento do grão-de-bico aumentou com o aumento da aplicação de Zn até 4 g por vaso (3,23 g planta^{-1}).

Yadav *et al.* (2010) realizaram uma experiência de campo durante a estação *rabi* de 19992000 para estudar o efeito do método de sementeira e dos níveis de zinco no grão-de-bico em condições de sequeiro em Faizabad (Uttar Pradesh). Os autores referiram que a aplicação de sulfato de zinco a 20 kg ha^{-1} registou melhores caraterísticas de rendimento, rendimento de grãos e rendimento de palha do grão-de-bico.

Akay (2011), numa experiência de campo realizada entre maio e setembro de 2003 e 2004, estudou o efeito da fertilização com zinco em diferentes variedades de grão-de-bico de regadio (cv. Canitez-87, ILC-482 e Gokce) e referiu que a aplicação de Zn não proporcionou qualquer aumento significativo no rendimento das variedades de grão-de-bico. No entanto, foram observados aumentos significativos no teor de fósforo, ácido fítico e zinco das sementes e na concentração de clorofila na folha quando a cultura foi fertilizada com 1,0 kg de ZnSO4 ha^{-1} .

Ramaprasad *et al.* (2011) referiram que, em solos argilosos de Andhra Pradesh, a aplicação no solo de 25 kg de ZnSO4 ha^{-1} , juntamente com a pulverização foliar de 0,5% de ZnSO4 duas vezes aos 45 e 55 DAS, revelou-se significativamente superior no rendimento de sementes de grão-de-bico *kabuli* (3046 kg ha^{-1}) em relação ao controlo.

Hussain *et al.* (2012) realizaram uma experiência em estufa sobre vários métodos de aplicação de Zn para comparar a biofortificação de Zn em grãos de trigo cultivados num solo calcário no Paquistão e relataram que a aplicação de Zn através do solo aumentou o rendimento dos grãos (29%), a concentração de Zn em grãos inteiros (95%) e a biodisponibilidade humana estimada de Zn em grãos inteiros (74%).

Pandey *et al.* (2012) relataram que a aplicação de Zn @ 10 kg ha^{-1} deu o maior rendimento de sementes de grão-de-bico, que foi 18% maior do que o respetivo controlo.

Pathak *et al.* (2012) realizaram uma experiência em Lucknow (Uttar Pradesh) e relataram que a aplicação foliar de ZnSO4 a plantas com deficiência de zinco na altura do início da floração reverte parcialmente o efeito adverso da deficiência de zinco na morfologia do pólen-estigma, na fertilidade do pólen e aumenta consideravelmente o rendimento das sementes das plantas.

Eles observaram que, em comparação com as plantas que receberam baixo suprimento de Zn, o número e o peso das vagens e sementes formadas foram altos nas plantas que receberam suprimento suficiente de Zn.

Shaban *et al.* (2012) realizaram uma experiência de campo em solos argilosos de Hamedan (Irão) para determinar o efeito do fertilizante Zn no rendimento e nos componentes do rendimento do grão-de-bico. Verificou-se que a aplicação de Zn teve um efeito significativo no rendimento de grãos, nos componentes do rendimento e no rendimento de biomassa do grão-de-bico. Entre os tratamentos com fertilizante de Zn, o maior rendimento de grãos (3526 kg ha^{-1}) foi observado quando a cultura foi fertilizada com Zn e o menor rendimento de grãos (3125 kg ha^{-1}) sem fertilização com Zn.

Singh e Singh (2012) referiram que o rendimento de grão e palha de grão-de-bico aumentou significativamente em 9,8 e 11,4 por cento, respetivamente, com a aplicação de Zn @ 5 kg ha^{-1} em relação ao controlo.

Tripathi *et al.* (2012) estudaram 86 genótipos de grão-de-bico (*Cicer arietinum L.*) (44 do tipo *kabuli* e 42 do tipo *desi*) para avaliar as suas caraterísticas fenológicas, físico-químicas e de qualidade culinária. Observaram variações significativas entre os genótipos para dias até 50% de floração (34 a 81 dias), dias até à maturidade (85 a 22 dias), número de vagens por planta (13 a 66 vagens), número de sementes por planta (15 a 85 sementes), peso de 100 sementes (10,5 a 58,6 g) e rendimento de sementes (561 a 1852 kg ha^{-1}).

Habbasha *et al.* (2013) realizaram uma experiência de campo em variedades de grão-de-bico (cv. Giza 2 e 88) durante as épocas de *rabi* de 2010-11 e 2011-12 em Nubaria (Egito) e descobriram que a combinação da aplicação foliar de Zn (0,2% $ZnSO4$) em diferentes fases de crescimento e fertilizante N (60 kg N ha^{-1}) resultou num efeito significativo na altura da planta, número e peso de vagens por planta, rendimento de sementes por planta e sementes, palha e rendimento biológico do grão-de-bico. Relataram que a aplicação de níveis de azoto em combinação com Zn como aplicação foliar, quer na fase de floração quer na fase de enchimento de sementes, apresentou aumentos significativos na maioria dos caracteres de crescimento, em comparação com a não aplicação de Zn.

Hadi *et al.* (2013) realizaram uma experiência de campo nos campos de investigação da empresa RAN em Firouzkouh (Irão) durante 2011, consistindo em três níveis de irrigação e dois níveis de pulverização foliar de Zn (controlo, pulverização foliar) e referiram que a pulverização de Zn (0,5%) aumentou o número de vagens por planta e conduziu a um rendimento máximo de sementes por planta, em comparação com a não aplicação de Zn.

Numa experiência de campo conduzida por Parimala *et al.* (2013) em Rajendranagar, Hyderabad, sobre o efeito de macro e micronutrientes no rendimento e nos parâmetros de qualidade das plântulas de grão-de-bico (cv. JG-11), revelaram que a pulverização de Zn (0,5%) aumentou o número de vagens por planta e conduziu a um rendimento máximo de sementes por planta em comparação com todos os outros tratamentos. Referiram que a aplicação de zinco melhorou o crescimento das raízes, a nodulação e o teor de azoto dos nódulos, o que conduziu indiretamente a um aumento do rendimento do grão-de-bico.

Num estudo realizado por Kharol *et al.* (2014) durante a estação *rabi* de 2011-12 em Udaipur (Rajastão) para ver o efeito do enxofre (0, 15, 30 e 45 kg S ha^{-1}) e do zinco (0, 2,5, 5,0 e 7,5 kg Zn ha^{-1}) no rendimento, qualidade e teor de nutrientes e absorção pelo grão-de-bico. Verificaram que o peso de teste do grão (g) aumentou significativamente até 5 kg Zn ha^{-1} que estava a par com 7,5 kg Zn ha^{-1} . A aplicação de 5 kg Zn ha^{-1} aumentou significativamente a produção de sementes em relação ao controlo e 2,5 kg Zn ha^{-1} em 25,20 e 12,55%, respetivamente.

Shivay *et al.* (2014a) realizaram uma experiência de campo durante os meses de novembro a abril de 2011-12 e 2012-13 num solo argiloso e arenoso de Nova Deli para estudar o efeito das variedades (Pusa 2024, Pusa 5028 e Pusa 372) e dos níveis de zinco (0, 2,5, 5,0 e 7,5 kg Zn ha^{-1}) no grão-de-bico. Os resultados mostraram que cada aumento sucessivo dos níveis de Zn de 2,5 a 7,5 kg ha^{-1} melhorou significativamente os atributos de rendimento e os rendimentos de grão e palha do grão-de-bico. O estudo concluiu que a aplicação de Zn não só aumentou o rendimento de grãos do grão-de-bico, mas também levou à fortificação dos grãos com Zn.

Hossain *et al.* (2016), em solos franco-arenosos de Rajshahi (Bangladesh), durante o período de novembro de 2013 a abril de 2014, estudaram o efeito do boro e do zinco (0, 2, 4 e 6 kg Zn ha^{-1}) no crescimento e no rendimento do grão-de-bico e verificaram que a aplicação de Zn teve um efeito significativo em quase todos os atributos de rendimento e no rendimento do grão-de-bico, tendo sido obtidos 1742 kg ha^{-1} de rendimento de sementes com a aplicação de 4 kg Zn ha^{-1} em relação ao controlo (1325 kg ha^{-1}).

Balai *et al.* (2017) realizaram uma experiência de campo em Bikaner (Rajastão) durante a estação *rabi* de 2009-10 e relataram que doses crescentes de zinco até 6 kg ha^{-1} aumentaram significativamente o rendimento (grão, palha e rendimento biológico). Verificaram que o número de sementes por vagem aumentou significativamente da mesma forma que o número de vagens por planta devido à aplicação de 6,0 kg de Zn ha^{-1} em comparação com o controlo e 3,0 kg de Zn ha^{-1} em 21,16 e 7,79 por cento, respetivamente. A aplicação de 6,0 kg de Zn ha^{-1} produziu um rendimento de sementes significativamente maior (1409,9 kg ha^{-1}), rendimento de palha (2335 kg ha^{-1}) e rendimento biológico (3744,9 kg ha^{-1}), que foi significativamente superior ao resto dos tratamentos.

Katiyar *et al.* (2017) em Satna (Madhya Pradesh) relataram que a resposta do grão-de-bico ao Zn, B e Mo aplicados foi significativamente maior do que as suas doses mais baixas. O rendimento de grãos foi aumentado em 14,5% com Zn @ 5 kg ha^{-1} em relação ao controlo.

Kumar *et al.* (2017) realizaram uma experiência de campo durante as épocas de *rabi* de 2012-13 e 2013-14 em Faizabad (Uttar Pradesh) e observaram que a aplicação de 100 kg DAP ha^{-1} como basal + 2 pulverizações de 2% de ZnSO4 aos 25 e 45 DAS mostrou uma melhoria acentuada em diferentes parâmetros de crescimento e rendimento do grão-de-bico. O aumento da aplicação basal de 100 kg DAP ha^{-1} e duas pulverizações foliares de 2% de ZnSO4 em parcelas de 25 e 45 DAS resultaram em maior rendimento de sementes (22,72 q ha^{-1}) e rendimento de palha (34,14 q ha^{-1}).

2.2.3 Efeito da fertilização com zinco no teor e absorção de nutrientes

Sakal *et al.* (1980) corroboraram o facto de a absorção de zinco pela semente e pelo caule do grão-de-bico aumentar progressivamente com a aplicação foliar de Zn.

Gupta e Gupta (1984) referiram que a aplicação de zinco reduziu a concentração de P e, por conseguinte, diminuiu a absorção de P na cultura da soja.

Num estudo de dois anos conduzido por Bahl *et al.* (1986) em solos argilosos de Ludhiana (Punjab) revelou que o rendimento do amendoim (cv. M 13) aumentou com a aplicação de Zn até 20 kg ha^{-1} e S até 15 kg ha^{-1} . Os teores de Zn e S nas vagens e a sua absorção pelas plantas aumentaram com a aplicação de Zn e S, que tiveram um efeito sinergético.

Indulkar e Malewar (1991) realizaram uma experiência de campo em Parbhani (Maharashtra) e observaram que a aplicação de 4 kg de Zn ha^{-1} como ZnSO4, ureia zincada e suphala zincada aumentou significativamente a absorção de zinco pelo grão-de-bico.

Singh e Tiwari (1992) referiram que a concentração e a absorção de zinco pelas plantas aumentavam com a aplicação de Zn, ao passo que a concentração de P, Fe e Cu nas plantas diminuía geralmente devido à aplicação de Zn na cultura do grão-de-bico.

Enania e Vyas (1994) referiram que a aplicação de zinco até 7,5 kg ha^{-1} aumentou significativamente a absorção de Zn pela cultura do grão-de-bico. Isto pode dever-se ao facto de os níveis crescentes de zinco aumentarem a sua concentração na solução do solo, o que leva a uma maior absorção de zinco pelas plantas em solos calcários de Udaipur.

Reddy e Ahlawat (1998) referiram que a aplicação de 18 kg de N + 40 kg de P + 5,25 kg de Zn ha^{-1} aumentou os atributos de rendimento, o rendimento de grãos, o rendimento de palha e a absorção de N, P, Zn e o teor de proteínas no grão-de-bico.

Singhal e Rattan (1999) referiram que, num solo deficiente em zinco (0,44 mg kg^{-1} DTPA Zn), o teor de Zn nas sementes e nos tecidos dos rebentos aumentou com o aumento da aplicação de zinco.

Haslett *et al.* (2001) confirmaram que o zinco tem uma mobilidade moderada no floema, pelo que a sua aplicação foliar isolada ou uma combinação de aplicação no solo e foliar aumenta significativamente o teor de zinco nos grãos (Cakmak, 2008).

Pathak *et al.* (2003) revelaram que a aplicação de 12,5 kg de ZnSO4 ha^{-1} proporcionou a maior absorção de nutrientes de azoto, fósforo, potássio e enxofre no grão-de-bico.

Ekiz *et al.* (2008) referiram que, em solos deficientes em zinco da Anatólia Central (Turquia), a aplicação de zinco através de pulverização no solo + folha teve o maior aumento na concentração de Zn no rebento (82 mg kg^{-1} peso seco) e no grão (38 mg kg^{-1} peso seco) de trigo em relação ao controlo (10 mg kg^{-1} peso seco tanto no rebento como no grão).

Fageria *et al.* (2009) relataram que a aplicação de micronutrientes por pulverização foliar foi mais eficaz devido às pequenas quantidades necessárias, aplicação mais uniforme e eficiência de absorção pelas plantas em comparação com a fertilização do solo.

Ramaprasad *et al.* (2011) estudaram o efeito da aplicação foliar e no solo de ZnSO4 no rendimento das sementes, na absorção de nutrientes e na economia do grão-de-bico *kabuli*. O maior rendimento de grão-de-bico foi registado com a aplicação de 25 kg de ZnSO4 ha^{-1} em combinação com 0,5% de ZnSO4 pulverizado duas vezes aos 45 e 55 DAS. A absorção de N, P e Zn foi significativamente influenciada pela aplicação de zinco no solo até 25 kg ZnSO4 ha^{-1} na maturidade. A absorção máxima de N, P, K e Zn foi registada com 0,5% de ZnSO4 pulverizado duas vezes (45 e 55 DAS) na maturidade.

Tripathi *et al.* (2011) realizaram uma experiência de campo com grão-de-bico e relataram que a aplicação de 5 kg de Zn ha^{-1} aumentou significativamente a absorção de azoto, potássio, enxofre e zinco na cultura do grão-de-bico.

Pathak *et al.* (2012), ao trabalharem na melhoria da eficiência reprodutiva do grão-de-bico (cv. BG-1053) através da aplicação foliar de Zn (1,0% ZnSO4 aos 55 DAS) numa experiência de cultura em vaso em Lucknow (Uttar Pradesh), relataram que a pulverização foliar de ZnSO4 em plantas deficientes em zinco (0,2 µm) no momento do início da floração reverte parcialmente o efeito adverso da deficiência de zinco na morfologia do pólen-estigma, na fertilidade do pólen e aumenta consideravelmente a produção de sementes das plantas. A aplicação foliar de zinco melhorou não só a ousadia e o vigor das sementes em plantas deficientes em zinco, mas também o teor de zinco das sementes em plantas deficientes em zinco, bem como as plantas suficientes ((1,0 µm).

Singh e Singh (2012) relataram que o conteúdo e a absorção de Zn em grãos e palha de grão-de-bico aumentaram significativamente com níveis crescentes de Zn até 10 kg ha^{-1} como aplicação no solo.

Choudhary *et al.* (2014) realizaram uma experiência de campo em Nova Deli durante as épocas *rabi* de 2012-13 e 2013-14 para estudar o efeito da conservação da humidade e da fertilização com Zn (controlo, 2,5 e 5,0 kg ha^{-1}) na qualidade e absorção de nutrientes do grão-de-bico (cv. Pusa-1103) na sequência de cultivo de grão-de-bico e perola em condições de humidade limitada. Descobriram que a aplicação direta de Zn @ 5,0 kg ha^{-1} melhorou significativamente o conteúdo proteico do grão durante o primeiro ano e o rendimento proteico, a absorção total de N e P e os retornos líquidos em ambos os anos em relação aos níveis mais baixos.

Kharol *et al.* (2014) realizaram uma experiência de campo em Udaipur (Rajastão) durante a estação *rabi* de 2011-2012 para determinar as doses mais adequadas de enxofre e zinco para o cultivo de grão-de-bico (cv. Samrat). Relataram que a absorção de K, Fe e Zn pelo grão e a absorção de N, P, K, S, Fe e Mn pelo haulm aumentaram significativamente, independentemente da aplicação de Zn. A aplicação de 5 kg de Zn ha^{-1} aumentou significativamente o teor de proteínas, o teor de nutrientes e a absorção de nutrientes do grão-de-bico.

Numa experiência de campo conduzida por Shivay *et al.* (2014a) num solo argilo-arenoso do IARI, Nova Deli, durante novembro-abril de 2011-12 e 2012-13, revelou-se que a aplicação de Zn no solo teve um efeito positivo na concentração de zinco no grão e nos teores de zinco no grão e no rebento do grão-de-bico.

Shivay *et al.* (2014b) realizaram uma experiência de campo durante as épocas de inverno de 2011-12 e 2012-13 em Nova Deli para estudar o efeito das variedades (tipos *desi* Pusa 372 e Pusa 5028 e tipo *kabuli* Pusa 2024) e níveis de Zn (0, 2,5, 5,0 e 7,5 kg ha^{-1}) no rendimento do grão-de-bico, teor de proteínas, absorção de Zn e azoto. No caso de diferentes parâmetros de crescimento, rendimento e qualidade, a variedade de grão-de-bico Pusa 372 registou o maior rendimento de sementes (2130 kg ha^{-1}), a concentração de Zn nas sementes e na palha (42,9 e 36,8 mg kg^{-1}, respetivamente), a absorção total de Zn (229,0 g ha^{-1}), o teor de proteínas das sementes (22,7%) e o rendimento proteico (480,6 kg ha^{-1}) em relação às restantes variedades de grão-de-bico.

Kayan *et al.* (2015) realizaram uma experiência com a cultura do grão-de-bico na Turquia para avaliar o efeito da aplicação foliar de Zn e referiram que o aumento das doses de zinco provocou um aumento do teor de zinco nas sementes. Também concluíram que a aplicação foliar de zinco resultou num aumento do teor de minerais das sementes, nomeadamente Zn, Fe, P e N nas sementes de grão-de-bico. Mostraram que o teor mais elevado de Zn, Fe e P nas sementes foi detectado na pulverização de 0,6% de Zn.

Shirani *et al.* (2015) realizaram duas experiências, uma no outono e outra na primavera, na Research Farm, Universidade de Shahrekord, na época de cultivo de 2009-2010, e concluíram que a aplicação foliar de sulfato de zinco aumentou significativamente o teor de Zn nos grãos de grão-de-bico.

Singh *et al.* (2015) realizaram uma experiência de campo em solo franco-arenoso de Kanpur (Uttar Pradesh) para estudar o efeito de regimes de humidade variáveis e diversas combinações de fertilização foliar no crescimento, atributos de rendimento, rendimento, partição de nutrientes e enriquecimento nutricional do grão-de-bico (var. DCP 92-3). Concluíram que a aplicação de uma irrigação e de uma fertilização combinada poderia ser a estratégia potencial para obter maior rendimento e segurança nutricional da população vegetariana na Índia.

Hidoto *et al.* (2017) relataram que a aplicação foliar de zinco aumentou o teor de Zn nos grãos em 21 e 22% e o teor de Zn na palha em 383 e 437% em relação ao Zn aplicado como solo e métodos de preparação de sementes, respetivamente. Eles relataram que a concentração de Zn nas sementes de grão-de-bico varia de variedade para variedade e tipos de solo, mas as cultivares com alta concentração de zinco nos grãos permitem o uso do grão-de-bico como uma alternativa potencial para ajudar a corrigir a deficiência de zinco nas dietas humanas.

2.2.4 Efeito da fertilização com zinco nos parâmetros de qualidade do grão-de-bico

Mehdi *et al.* (1990) relataram que a eficácia relativa das fontes de Zn diminuiu na seguinte ordem Zn-EDTA > $Zn(NO_3)_2$ > $(NH_4)2ZnO2$ > ZnSO4 > $ZnCl_2$.

Khan *et al.* (2003) estudaram o efeito da fertilização com zinco no rendimento do grão e no teor de Zn das sementes de grão-de-bico na Austrália. Relataram que o aumento do zinco no solo de 0,1 µg Zn g^{-1} para 2,5 µg Zn g^{-1} aumentou a concentração média de Zn de 8,5 para 46 µg Zn g^{-1} nas sementes de grão-de-bico. Também relataram que a maior parte do zinco aplicado foi encontrada nas sementes de grão-de-bico, o que pode ser uma caraterística nutricional benéfica para a nutrição humana.

Alloway (2008) sugeriu que a aplicação de zinco no solo é menos eficaz no aumento da concentração de zinco nos grãos devido à fraca mobilidade do zinco e à sua rápida adsorção em solos calcários alcalinos.

Kaya *et al.* (2009) realizaram uma experiência na Turquia para verificar o efeito da fertilização com N e Zn na qualidade do grão-de-bico e relataram que a fertilização com Zn teve um efeito positivo no aumento da biodisponibilidade de Zn nas dietas e este efeito mostrou diferenças dependendo das variedades, mesmo que sejam cultivadas nas mesmas condições.

Khorgamy e Farnia (2009) realizaram uma experiência no Irão durante 2005-06 para verificar o efeito da fertilização com P e Zn em cultivares de grão-de-bico (Arman e ILC-482) e revelaram que o zinco aplicado como sulfato de zinco teve um efeito significativo na concentração de zinco e no teor de proteínas nos grãos de grão-de-bico.

Yadav *et al.* (2010) revelaram que a aplicação de ZnSO4 @ 20 kg ha^{-1} registou uma melhor qualidade dos grãos de grão-de-bico.

Akay (2011) estudou o efeito das aplicações de fertilizantes de zinco em diferentes variedades de grão-de-bico para encontrar a dose de aplicação de zinco mais adequada nas condições de campo de maio a setembro de 2003 e 2004. Os resultados mostraram que o teor de clorofila nas folhas apresentou uma diferença significativa entre as variedades para ambos os anos (P < 0,01). Os valores dos teores de fósforo, ácido fítico e Zn na semente e o teor de Zn na folha da variedade ILC-482 foram maiores quando comparados com outras variedades (Canitez-87 e Gokce).

Singh *et al.* (2011) referiram que a aplicação de zinco ao grão-de-bico aumentou os teores de clorofila a e b da folha, o número de flores e o rendimento de grãos.

Zhao *et al.* (2011) relataram que a fertilização com Zn aumentou significativamente a quantidade de ácido dietileno triamina penta acético-Zn (DTPA-Zn) no solo, enquanto não houve efeito significativo na concentração de Zn nos grãos. Além disso, a taxa de utilização do fertilizante de Zn foi de apenas 0,98%, 0,64%, 0,29% e 0,14% com tratamentos de Zn aplicados a 7,5, 15, 30 e 45 mg ha^{-1} , respetivamente. Em contraste, a experiência hidropónica mostrou que tanto a pulverização foliar como o Zn fornecido às raízes aumentaram significativamente a concentração de Zn no grão, com a maior concentração encontrada nos rebentos. Os resultados sugerem que a menor absorção e translocação do nutriente zinco foram os factores inibidores do aumento da concentração de Zn nos grãos em solo calcário.

Estudos efectuados por Pathak *et al.* (2012) em Lucknow (Uttar Pradesh) revelaram que a aplicação foliar de zinco melhorou não só a audácia e o vigor das sementes de grão-de-bico em plantas deficientes em zinco, mas também o teor de zinco nas sementes deficientes em zinco, bem como

as suficientes. Houve um aumento na concentração de Zn nas folhas e sementes após a aplicação foliar de Zn em plantas deficientes em Zn, bem como em plantas suficientes em Zn. Roy *et al.* (2013) relataram que a aplicação de Zn @ 0, 5,5, 22 kg ha^{-1} , 0,1% Zn aplicação foliar e 5,5 kg Zn + 0,1% Zn pulverização, aumentou o rendimento, concentração e sua absorção em sementes e palha em todos os genótipos de grama verde. A concentração máxima de Zn na palha e na semente (5,48 e 3,50 vezes mais do que o controlo) foi alcançada quando foi feita a aplicação combinada de solo + foliar. A aplicação de Zn no solo + foliar aumentou a proteína bruta da semente em 26,9% em relação ao controlo.

Gowda *et al.* (2014) realizaram uma experiência de campo durante a época de *kharif* 2012-13 em Raichur (Karnataka) para estudar a resposta do feijão-frade à aplicação no solo e foliar de micronutrientes no rendimento, componentes do rendimento, rendimento proteico e economia. Os resultados revelaram que a aplicação no solo de ZnSO4 @ 25 kg ha$^-$ 1 juntamente com a pulverização foliar de 19:19:19 @ 0,4% registou um teor de proteínas significativamente mais elevado (22,47%), rendimento proteico (288,75 kg ha^{-1}) e teor de clorofila (66,43%) no feijão-frade.

Kharol *et al.,* (2014) estudaram o efeito do enxofre e do zinco no rendimento, na qualidade e no teor e absorção de nutrientes pelo grão-de-bico (*Cicer arietinum* L.) durante a estação *rabi* de 2011-2012. Os resultados indicaram que a aplicação de níveis crescentes de enxofre e zinco aumentou o rendimento do grão, o teor de proteínas, o teor de nutrientes e a absorção de nutrientes do grão-de-bico.

Shivay *et al.* (2014a) realizaram uma experiência de campo no IARI, Nova Deli, para estudar o efeito de variedades e níveis de Zn no teor de proteínas, absorção de Zn e azoto pelo grão-de-bico e relataram um aumento significativo da concentração de Zn no grão e na palha. O estudo indica que cada nível sucessivo de aplicação de Zn aumenta a concentração de Zn na palha de grão-de-bico até 7,5 kg Zn ha^{-1} . A concentração de zinco no grão de grão-de-bico aumentou de 38,6 mg kg^{-1} em tratamentos sem Zn (controlo) para 48,4 mg kg^{-1} com uma aplicação de 7,5 kg Zn ha^{-1} .

Dadkhah *et al.* (2015) estudaram o efeito do stress por défice hídrico e da aplicação foliar de zinco nas caraterísticas fisiológicas do grão-de-bico na estação de investigação de culturas de campo da Universidade de Mohaghegh Ardabili. O resultado mostrou que a pulverização de 6,0 kg ha^{-1} sulfato de zinco aumentou a quantidade de prolina, açúcar solúvel e potencial osmótico das plantas de grão-de-bico.

Fasaei e Ronaghi (2015) estudaram o efeito de tratamentos com zinco no crescimento e na composição de nutrientes do grão-de-bico numa estufa e relataram que a aplicação de Zn aumentou a absorção média de Zn na parte aérea do grão-de-bico. A aplicação de 5 e 10 mg de Zn kg^{-1} solo aumentou a absorção média de Zn dos tecidos acima do solo em 73% e 123%, respetivamente.

Uma experiência de campo conduzida por Singh *et al.* (2015) durante duas épocas de *rabi* consecutivas de 2012-13 e 2013-14 em Kanpur (Uttar Pradesh) para estudar o efeito de diversas combinações de fertilização foliar no crescimento, atributos de rendimento, rendimento, partição de nutrientes e enriquecimento nutricional do grão-de-bico. Concluíram que a fertilização foliar com zinco melhorou significativamente a concentração de Zn no caule, folha e raiz da planta de grão-de-bico. Além disso, a pulverização foliar com zinco aumentou significativamente a concentração de proteínas, zinco e ferro nos caules, folhas e raízes, respetivamente, em comparação com a não pulverização. Foi referido que sem pulverização de Zn, a concentração de Zn no grão registou apenas 27,12 mg kg^{-1} mas quando o zinco foi pulverizado a concentração de zinco no grão de grão-de-bico aumentou 19,7% (32,48 mg ha^{-1}).

Uma experiência foi conduzida por Choudhary *et al.* (2016) durante as estações *rabi* de 2012-13 e 2013-14 para estudar o efeito da fertilização com zinco na qualidade, absorção de nutrientes, rentabilidade e índices de utilização de humidade do grão-de-bico em condições de humidade limitada. Verificaram que a aplicação direta de @ 5,0 kg Zn ha^{-1} melhorou significativamente o teor de proteínas no grão durante 2013-14 e o rendimento proteico, a absorção total de N e P em relação aos níveis mais baixos em ambos os anos.

Imran e Rahim (2016) realizaram uma experiência no Paquistão com cultivares de milho para estudar as abordagens de fertilização com zinco para a biofortificação agronómica e relataram que a difusão e a aplicação em faixas sub-superficiais (16 kg ZnSO4 ha^{-1}) combinadas com a pulverização foliar de zinco (0,5%) foram consideradas adequadas para o rendimento ideal do milho e para a biofortificação agronómica do grão de milho com Zn. Eles relataram que as concentrações de Zn e proteína do grão estavam positivamente correlacionadas e variavam de 22,3 a 41,9 mg kg^{1} e 9 a *12%,* respetivamente, em relação à não aplicação de zinco.

Balai *et al.* (2017) realizaram uma experiência em Bikaner (Rajastão) durante a estação *rabi* de 2009-10 e relataram que a aplicação de 6 kg de Zn ha^{-1} registou um aumento significativo no teor de clorofila das plantas de grão-de-bico.

2.2.5 Efeito da fertilização com zinco nos nutrientes disponíveis no solo

Chatterjee *et al.* (1983) referiram que a aplicação de doses mais elevadas de zinco resultou num aumento do teor de fósforo extraível no solo, sendo o aumento comparativamente maior com uma dose mais baixa (5 ppm de zinco). Referiram ainda que a aplicação de zinco aumentava obviamente o teor de zinco extraível por DTPA no solo. A quantidade de zinco, que podia assim ser recuperada após 30 dias de incubação, constituía cerca de 30% da quantidade adicionada, indicando que uma grande fração do zinco aplicado era transformada numa forma dificilmente extraível. Observaram ainda que a aplicação de zinco também aumentou ligeiramente o teor de Fe nos solos dos arrozais.

Gupta e Gupta (1984) relataram que o conteúdo de P diminuiu significativamente com a aplicação de zinco e zinco DTPA, em rebentos de soja. A aplicação de 10 ppm de Zn, independentemente da fonte, levou a uma diminuição significativa do fósforo em relação ao nível de 5 ppm de zinco.

Rao *et al.* (1986) observaram que o efeito do zinco na sua disponibilidade no alfisol alcalino arenoso foi significativo. O aumento do nível de aplicação de zinco levou a um aumento gradual do zinco extraível por DTPA no solo, variando entre 0,70 ppm e 4,63 ppm com um nível de aplicação de 0,50 ppm e 5,0 ppm, respetivamente.

Reddy e Ahlawat (1998) relataram, numa experiência de campo, que a aplicação de 18 kg de N + 40 kg de P2O5 + 5,25 kg de Zn ha^{-1} aumentou a disponibilidade de N, P e Zn no solo.

Singhal e Rattan (1999) descobriram que a aplicação de Zn @ 10 mg kg^{-1} solo (10 ppm) aumentou a quantidade de Zn disponível no solo após a colheita.

Soltangheisi *et al.* (2014) relataram que o fornecimento de Zn pode causar a formação de ligações químicas com aniões fosfato (H2PO4 ou HPO42) no solo e tornar o fósforo indisponível. No entanto, a força relativa da ligação P-Zn é robusta e não se separa facilmente sem mudanças drásticas no ambiente físico ou químico do solo.

2.2.6 Economia da biofortificação com zinco no grão-de-bico

Singh *et al.* (2005) descobriram que a aplicação de 9,0 kg de Zn ha^{-1} garantiu o máximo retorno líquido e relação custo-benefício no grão-de-bico.

Singh *et al.* (2006) relataram que a aplicação de 6,0 kg Zn ha^{-1} mostrou o retorno líquido máximo (? 42309 ha⁻ 1) com uma relação benefício: custo de 2,54 na cultura do grão-de-bico.

Naik e Das (2008) verificaram que a relação custo-benefício mais elevada, de 1,71, foi registada com a aplicação basal de 0,5 kg Zn ha^{-1} como Zn-EDTA. No que diz respeito aos modos de aplicação de ZnSO4, a aplicação fraccionada de 10 e 20 kg Zn ha^{-1} como ZnSO4 resultou numa relação custo-benefício mais elevada de 1,32 e 1,21, respetivamente, em relação às aplicações basais correspondentes. No entanto, a aplicação basal de 1,0 kg de Zn ha^{-1} como Zn- EDTA resultou numa relação custo-benefício mais elevada (1,69) do que a aplicação dividida correspondente.

Yadav *et al.*, (2010) descobriram que o retorno económico era mais elevado ao nível de 1,0% no caso do ZnSO4, e ao nível de 2,0% no caso do ZnO. Além disso, a aplicação de 1,0% de ZEU (ZnSO4) deu um rendimento muito maior em comparação com 2,0% de ZEU (ZnO).

Kharol (2011) constatou que a aplicação de 5,0 kg Zn ha^{-1} registou retornos líquidos de ? 47.638 ha^{-1} que foi significativamente maior em 31,84 e 15,39 por cento em relação ao controlo e 2,5 kg Zn ha^{-1} , respetivamente, mas foi encontrado a par com 7,5 kg Zn ha^{-1} . A maior relação B: C mais elevada foi registada com a aplicação de 7,5 kg Zn ha^{-1} no grão-de-bico.

Patel *et al.* (2011) relataram que a aplicação de 25 kg de Zn ha^{-1} como sulfato de zinco registou o maior retorno líquido e a relação B: C no grão-de-bico.

Numa experiência conduzida por Ramaprasad *et al.* (2011) em solos argilosos de Mandal (Andhra Pradesh) durante o *rabi* de 2007-2008 para estudar o efeito da aplicação no solo e foliar de sulfato de zinco no rendimento das sementes, absorção de nutrientes e economia do grão-de-bico *kabuli* (cv LBeG-7). Os resultados experimentais revelaram que a aplicação de 25 kg de ZnSO4 ha^{-1} através do solo em combinação com a pulverização foliar de 0,5% de ZnSO4 duas vezes (45 e 55 DAS) registou o rácio B:C mais elevado (1: 2,98) e rendimentos líquidos (t 59.037 ha^{-1}).

Gangwar e Dubey (2012) realizaram uma experiência de campo em Jabalpur (Madhya Pradesh) com grão-de-bico (*Cicer arietinum* L.) e relataram que a aplicação de FTR com 2,0 g de molibdato de amónio + sulfato ferroso kg^{-1} tratamento de sementes proporcionou o máximo retorno líquido em grão-de-bico.

Estudos realizados por Shivay *et al.* (2014a) no IARI, Nova Deli, para verificar o efeito da aplicação de Zn no rendimento, rentabilidade, teor de proteínas e absorção de zinco pelo grão-de-bico e a viabilidade económica da aplicação de zinco revelaram que houve um aumento significativo dos rendimentos brutos e líquidos em relação ao controlo, através do aumento do rendimento das sementes de grão-de-bico. O estudo revelou também que a relação benefício/custo, bem como a rentabilidade líquida dos tratamentos aplicados com Zn, foi também elevada em relação aos tratamentos de controlo.

Gowda *et al.* (2014) realizaram uma experiência de campo durante a estação *kharif* 2012-13 em Raichur (Karnataka) para estudar a resposta do feijão-frade à aplicação no solo e foliar de micronutrientes no rendimento, componentes do rendimento, rendimento proteico e economia. Relataram que a aplicação no solo de ZnSO4 @ 25 kg ha^{-1} juntamente com a pulverização foliar de 19:19:19 @ 0,4 % registou um rendimento significativamente mais elevado (288,75 kg ha^{-1}), rendimentos brutos (t 55.592 ha^{-1}), rendimentos líquidos (t 36.323 ha^{-1}) e rácio B:C (2,89).

Ghasal *et al.* (2015) observaram uma forte correlação positiva entre os atributos de rendimento (perfilhos efectivos^{-1} , percentagem de fertilidade e panícula de grãos^{-1}) e o rendimento do arroz. Do ponto de vista dos retornos líquidos e do rácio benefício: custo, a aplicação de 2,5 kg de Zn ha^{-1} (ZnSO4.7H2O) + 0,5 % de pulverização foliar no perfilhamento máximo e na iniciação da panícula revelou-se melhor e deu os maiores retornos líquidos no arroz basmati.

Uma experiência de campo foi conduzida por Jat *et al.* (2015) durante a estação *rabi* 201011 nos campos dos agricultores na aldeia de Raniwas de Dausa (Rajasthan) e relatou que os maiores retornos brutos (t 35.420 ha^{-1}), retornos líquidos (t 15.238 ha^{-1}) e relação B:C (1,75) foram registados com a aplicação de 500 ppm de tioureia + 0,2% de sulfato de zinco (solução mista) pulverizados na fase vegetativa e reprodutiva do grão-de-bico.

Singh e Shivay (2015) observaram que a aplicação de Zn quelatado com EDTA (12% Zn) proporcionou os maiores retornos brutos, mas retornos líquidos significativamente mais baixos em comparação com outras fontes de Zn durante 2009 e 2010, respetivamente. Os valores mais altos de retornos líquidos foram obtidos pela aplicação de ZnSO4.7H2O (21% Zn), que foi significativamente maior do que todas as outras fontes de Zn, resultando em uma maior relação B:C de 1,88 no arroz basmati.

Choudhary *et al.* (2016) realizaram uma experiência de campo para estudar o efeito da conservação da humidade e da fertilização com zinco na qualidade, absorção de nutrientes, rentabilidade e índices de utilização da humidade do grão-de-bico em condições de humidade limitada durante as épocas de *rabi* de 2012-13 e 2013-14 e relataram que, sob fertilização com zinco, a aplicação direta de 5,0 kg de Zn ha^{-1} melhorou significativamente os retornos líquidos e a eficiência da produção em relação aos níveis mais baixos durante ambos os anos. de investigação.

Numa experiência conduzida por Balai *et al.* (2017) em Bikaner (Rajastão) durante a estação *rabi* 2009-10, relataram que a aplicação de 6 kg de Zn ha^{-1} registou maiores retornos líquidos (t 21.810,83 ha^{-1}) e maior relação B:C (2,62) no grão-de-bico.

CAPÍTULO - III

MATERIAIS E MÉTODOS

Uma experiência intitulada "Biofortificação de zinco em variedades de grão-de-bico (*Cicer arietinum* L.) através de sementes, solo e aplicação foliar" foi conduzida durante a estação *rabi* do ano 2017-18 na Fazenda Instrucional, Departamento de Agronomia, Faculdade de Agricultura, Universidade Agrícola de Junagadh, Junagadh. Os pormenores dos materiais experimentais utilizados, os procedimentos seguidos e as técnicas adoptadas no decurso da presente investigação são descritos neste capítulo.

3.1 SÍTIO EXPERIMENTAL

A experiência foi realizada na parcela D-5 da Quinta de Instrução, Departamento de Agronomia, Faculdade de Agricultura, Universidade Agrícola de Junagadh, Junagadh, durante a época *rabi* de 2017-18.

3.2 CONDIÇÕES CLIMATÉRICAS E METEOROLÓGICAS

Geograficamente, Junagadh está situada a 21,5° de latitude N e 70,5° de longitude E, a uma altitude de 60 m acima do nível médio das águas do mar, no lado ocidental, no sopé da montanha "Girnar", na região agro-climática de Saurashtra do Sul, no estado de Gujarat, e goza de um clima tipicamente subtropical caracterizado por um inverno bastante frio e seco, um verão quente e seco e uma monção quente e moderadamente húmida. A estação das chuvas começa na primeira quinzena de junho e termina em setembro, com uma precipitação média de 1094 mm (média dos últimos 10 anos). julho e agosto são os meses de precipitação intensa. O fracasso parcial da monção uma vez em cada três ou quatro anos é uma ocorrência comum nesta região. A estação do inverno começa no mês de dezembro e prolonga-se até ao mês de fevereiro. janeiro é o mês mais frio do inverno. A estação do verão começa na segunda quinzena de fevereiro e termina em meados de junho. abril e maio são os meses mais quentes do verão.

Os dados meteorológicos semanais relativos ao período do presente inquérito registados no Observatório Meteorológico, Universidade Agrícola de Junagadh, Junagadh, são apresentados no Quadro 3.1 e representados graficamente na Fig. 3.1

A partir dos dados meteorológicos (Tabela 3.1), é evidente que os parâmetros climáticos como a temperatura, a humidade relativa, as horas de sol e a evaporação foram mais ou menos favoráveis ao crescimento e desenvolvimento do grão-de-bico durante a estação *rabi* de 2017-18. A temperatura média máxima e mínima durante o período de crescimento e desenvolvimento da cultura variou entre 27,0 e 37,3 e 10,0 e 20,3, respetivamente. Durante o período de cultivo, a humidade relativa situou-se entre 47 e 74 (RH I) e 20 e 63 (RH II) por cento. As horas de sol brilhante, a velocidade do vento e a evaporação diária foram de 1,5 a 9,0 horas por dia^{-1} , 2,8 a 6,4 km por dia^{-1} e 2,8 a 7,7 mm por dia^{-1} , respetivamente. Durante a primeira semana de dezembro e a segunda semana de fevereiro ocorreram chuvas ligeiras de inverno. Os dados também são representados graficamente na Fig 3.1

Quadro 3.   1Dados meteorológicos semanais médios durante a época *rabi* de 2017-18

Std. Ai Temperamento da semana Não. (°c)	r - ature ')	Relativo Humidade (%)	Sol brilhante (h/dia)	Precipitação (mm/dia)	Velocidade do vento (km/h)	Evaporação (mm/dia)
Máximo.	Min.	I II Avg.				

novembro-2017

46	31.9	18.0	62	27	44.5	7.7	0	4.2	4.3
47	31.1	15.1	70	30	50.0	8.7	0	4.1	4.6
48	32.6	14.4	67	30	48.5	8.4	0	2.8	4.2
dezembro-2017									
49	27.0	17.9	73	63	68.0	1.5	2.5	4.8	2.8
50	27.9	14.6	72	38	55.0	7.2	0	4.4	3.6
51	29.9	15.8	67	32	49.5	3.0	0	3.4	3.4
52	30.0	10.0	68	23	45.5	9.2	0	6.4	5.5
janeiro-2018									
01	28.3	10.5	74	27	50.5	8.9	0	3.1	4.0
02	29.8	15.0	70	33	51.5	4.3	0	3.2	3.9
03	32.1	15.6	74	32	53.0	8.6	0	3.3	4.4
04	29.0	12.0	72	25	48.5	8.9	0	3.7	4.4
fevereiro-2018									
05	32.0	13.5	70	23	46.5	9.0	0	3.7	4.5
06	30.3	14.8	68	29	48.5	7.1	0.2	3.2	4.5
07	32.2	16.7	56	20	38.0	8.9	0	4.4	5.9
08	35.4	17.1	62	22	42.0	8.7	0	3.7	6.2
março-2018									
09	37.3	20.3	47	20	33.5	8.5	0	5.0	7.7

3.3 PROPRIEDADES FÍSICO-QUÍMICAS DO SOLO

Uma amostra composta de solo foi recolhida do campo experimental antes do início da experiência, a uma profundidade de 0-30 cm, em cinco pontos aleatórios, para registar as propriedades físico-químicas do solo experimental. Os valores da análise do solo, juntamente com os métodos seguidos, são apresentados no Quadro 3.2.

Quadro 3.2 Propriedades físico-químicas do sítio experimental

Dados	Valor a 0-30 cm de profundidade	Método seguido
A. Composição mecânica		
1. Areia (%)	26.17	
2. Silte (%)	12.71	Método internacional de pipetas
3. Argila (%)	61.12	(Piper, 1950)
4. Classe de textura	Argila	
B. Composição química		
1. pH do solo (1:2.5) Solo: Água	7.67	Medidor de pH (Richards, 1954)
2. Condutividade eléctrica (T^1) a 25 C (1:2.5)	0.52	Medidor CE (Jackson, 1974)
3. Carbono orgânico (%)	0.42	Método de Walkley e Black (Jackson, 1974)
4. N disponível (kg ha $)^{-1}$	245.89	Método alcalino $KMnO_4$ (Jackson, 1974)
5. P_2O_5 disponível (kg ha $)^{-1}$	35.11	Método de Olsen (Olsen *et al.*, 1954)
6. K_2O disponível (kg ha $)^{-1}$	270.70	Método fotométrico de chama

		(Jackson, 1974)	
7. Zn disponível (mg kg)$^{-1}$	0.73	Método do extrato DTPA (Jackson, 1967)	

Os dados apresentados no Quadro 3.2 indicam que o solo da parcela experimental

era de textura argilosa e ligeiramente alcalina em reação, com pH 7,67 e CE 0,52 dSm^{-1}. O solo era pobre em azoto disponível (245,89 kg ha^{-1}), médio em fósforo disponível (35,11 kg ha^{-1}), potássio (270,70 kg ha^{-1}) e zinco (0,73 mg kg^{-1}).

3.4 HISTORIAL DAS CULTURAS NO SÍTIO EXPERIMENTAL

O histórico de cultivo da parcela experimental número D-5 da Fazenda Instrucional, Faculdade de Agricultura, Universidade Agrícola de Junagadh, Junagadh, nos três anos anteriores está resumido na Tabela 3.3.

Quadro 3.   3Histórico de cultivo   da parcela experimental

Ano	Época	Cultura e variedade	Fertilização (kg ha)$^{-1}$		
			N	P2O5	K2O
2014-15	*Quaresma*	Pousio	-	-	-
	Rabi	Mostarda (GM 1)	50	50	0
	verão	Pousio	-	-	-
2015-16	*Quaresma*	Adubação verde	-	-	-
	Rabi	Grama (GG 2)	20	40	0
	verão	Pousio	-	-	-
2016-17	*Quaresma*	Pousio	-	-	-
	Rabi	Coentros (GC 2)	20	10	0
	verão	Pousio	-	-	-
2017-18	*Quaresma*	Amendoim (GG 20)	12.5	20	0
	Rabi	Grão-de-bico (experiência atual)			

3.5 CARACTERÍSTICAS SALIENTES DAS VARIEDADES

Quadro 3.4 Caraterísticas da variedade de grão-de-bico GG 1

Nome da variedade	Gujarat Gram 1 (GG 1)
Dias de vencimento	105 - 110 dias
Teor de proteínas	19 a 26%
Cor do grão	Castanho
Tamanho do grão	Médio
Peso de 100 sementes (g)	18-20
Rendimento das sementes	1733-2203 kg ha^{-1}
Caraterísticas agronómicas	Adequado tanto para condições de regadio como de sequeiro

Quadro 3.5 Caraterísticas da variedade de grão-de-bico GJG 3

Nome da variedade	Gujarat Junagah Gram 3 (GJG 3)
Dias de vencimento	98 dias
Teor de proteínas	19 a 26%
Cor do grão	Amarelo
Tamanho do grão	Médio
Peso de 100 sementes (g)	22-24

| Rendimento das sementes | 1720 kg ha^{-1} |
| Caraterísticas agronómicas | Adequado para condições de sequeiro |

3.6 PORMENORES EXPERIMENTAIS

3.6.1 Conceção experimental

A experiência, que incluiu doze tratamentos com três repetições, foi estabelecida num esquema de blocos aleatórios factoriais e foi utilizada para realizar a presente investigação.

3.6.2 Pormenores da disposição

Neste estudo, foi utilizado um esquema de blocos aleatórios factoriais com doze combinações de tratamento replicadas três vezes. Os tratamentos foram atribuídos a cada replicação através de um processo de aleatorização. Os pormenores sobre o esquema são apresentados a seguir:

1.	Conceção experimental	: Desenho Fatorial em Blocos Aleatórios
2.	Número de réplicas	: Três (3)
3.	Combinações de tratamento	: Doze (12)
4.	Número total de parcelas	: Trinta e seis (36)
5.	Área de experimentação	: 875.55 m^2
6.	Dimensão bruta da parcela	: 5,0 m × 2,70 m = 13,5 m^2 (6 filas)
7.	Dimensão da parcela líquida	: 4,0 m × 1,80 m = 7,2 m^2 (4 filas)
8.	Cultura e variedade	: Grão-de-bico, GG 1 e GJG 3
9.	Taxa de sementeira	: 60 kg ha^{-1}
10.	Espaçamento	: 45 cm ×10 cm
11.	Dose recomendada de fertilizante	: 20-40-00 kg N-P O -K$_{252}$ O ha^{-1}
12.	Época e ano de experimentação	: *Rabi* 2017-18

3.6.3 Pormenores dos tratamentos

A : Variedades (V)

V1 : GG 1 (Com baixo teor de Zn na semente)

V2: GJG 3 (com elevado teor de Zn nas sementes)

B : Níveis de fertilizantes (F)

F1 : Controlo

F2 : Tratamento de sementes ZnSO4 @ 3 g kg^{-1} sementes

F3 : 0,5% ZnSO4 em pulverização foliar

F4 : Tratamento de sementes ZnSO4 @ 3 g kg^{-1} sementes + 0,5% ZnSO4 pulverização foliar

F5 : Aplicação no solo de ZnSO4 @ 25 kg ha^{-1}

F6 : Aplicação no solo de ZnSO4 @ 25 kg ha^{-1} + pulverização foliar de 0,5% de ZnSO4

Nota:1. O FTR foi aplicado como uma dose comum a todos os tratamentos.

2. A pulverização foliar de zinco foi efectuada nas fases de floração e enchimento das vagens.

3. O teor inicial de Zn nas sementes das variedades de grão-de-bico GG 1 e GJG 3 foi de 13,95 e 16,05 ppm, respetivamente.

Quadro 3.6 Pormenores das combinações de tratamento

Tratamentos	Combinação de tratamentos	Tratamentos	Combinação de tratamentos
Tl	Vi Fi	T_7	V2 Fi
T_2	V1 F2	T_8	V2 F2
T_3	Vi F3	T_9	V2 F3

T$_4$	Vi F4	**TlO**	V2 F4
T$_5$	Vi F5	**Tll**	V2 F5
Te	Vi F6	**Tl2**	V2 F6

3.6.4 Disposição do campo

A experiência de campo foi desenhada em blocos aleatórios factoriais com três repetições. A área total do campo experimental foi de 875,55 m^2 , enquanto o tamanho bruto da parcela foi de 5,0 m × 2,7 m e o tamanho líquido da parcela foi de 4,0 m × 1,8 m (Fig. 3.2).

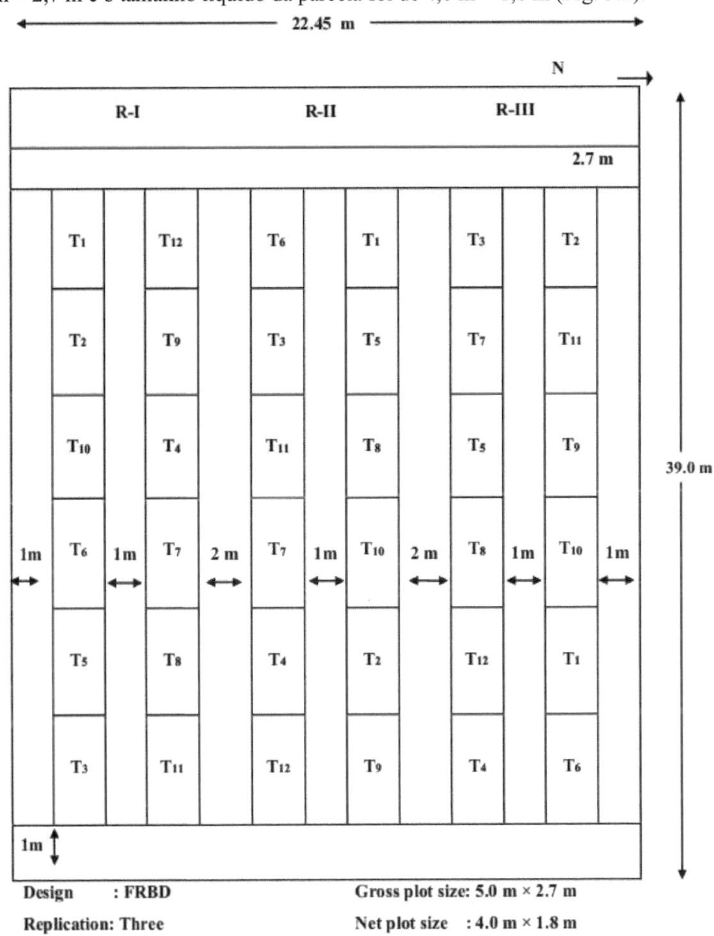

Fig. 3.2 Planta de implantação da experiência

3.7 ACÇÕES CULTURAIS

O calendário das operações culturais efectuadas para avaliação da cultura experimental na parcela durante o período em estudo é apresentado no Quadro 3.7 e outros pormenores da cultura são descritos a seguir.

3.7.1 Preparação do terreno

O campo experimental foi cultivado com uma charrua puxada por trator e a terra foi preparada por gradagem e aplainamento para se obter uma boa fertilidade. As parcelas e os canais de irrigação foram preparados de acordo com o plano de disposição. Depois de o campo estar em boas condições, foram abertos sulcos em cada parcela a uma distância de 45 cm, mantendo o campo pronto para a sementeira.

3.7.2 Fertilização

A cultura foi fertilizada com zinco de acordo com os tratamentos atribuídos a cada parcela. A dose total de zinco na forma de sulfato de zinco foi aplicada como aplicação basal imediatamente antes da semeadura nos sulcos. A dose recomendada de azoto e fósforo sob a forma de ureia e fosfato de diamónio foi aplicada em todas as parcelas como aplicação basal antes da sementeira.

3.7.3 Taxa de sementeira, espaçamento e sementeira

As variedades de grão-de-bico GG 1 e GJG 3 obtidas da Pulse Research Station, Junagadh Agricultural University, Junagadh, foram semeadas pelo método de sementeira manual em 16th novembro de 2017 a uma profundidade de 7-8 cm, mantendo o espaçamento entre linhas de 10 cm, utilizando a taxa de sementes recomendada de 60 kg ha^{-1} . As sementes foram tratadas com fungicida thiram @ 3g kg^{-1} seed.

3.7.4 Deservagem

A gestão das ervas daninhas foi efectuada através de operações de monda manual e de interculturas. Foram efectuadas uma monda manual e uma intercultural durante toda a estação para manter o campo experimental livre de ervas daninhas.

3.7.5 Irrigação

Os feixes de parcelas foram preparados em simultâneo com a sementeira. Os canais de irrigação foram preparados após a sementeira, tendo sido utilizada água de boa qualidade para efeitos de irrigação. A primeira irrigação foi efectuada imediatamente após a sementeira. A segunda irrigação foi efectuada quinze dias após a primeira irrigação para garantir uma melhor germinação das sementes de grão-de-bico. Durante o período de crescimento da cultura, foram efectuadas cinco regas, cada uma com 5 cm de profundidade, em diferentes alturas do período, conforme e quando a cultura o exigia.

3.7.6 Desbaste e preenchimento de lacunas

Após o estabelecimento das plantas cultivadas, procedeu-se ao desbaste e ao preenchimento das lacunas, de modo a manter uma distância entre plantas de 10 cm em cada linha de cada parcela.

3.7.7 Medidas de proteção das plantas

Não foram observados ataques de doenças e pragas durante o período de vida da cultura. Uma ligeira infestação de broca de vagem foi observada durante o mês de janeiro. Foi controlada por pulverização de inseticida monocrotophos @ 12 ml por 10 litros de água.

3.7.8 Colheita e debulha

A colheita foi efectuada após a maturação completa em 3rd março de 2018. As linhas de fronteira foram colhidas primeiro e removidas da área experimental. Cinco plantas previamente selecionadas (marcadas) foram colhidas separadamente para registar observações pós-colheita e o seu rendimento de sementes foi adicionado ao rendimento final da parcela líquida. Em seguida, a área da rede foi colhida simultaneamente e o produto foi deixado para secagem ao sol nas respectivas parcelas. Após uma secagem satisfatória, as operações de debulha e limpeza das parcelas foram efectuadas manualmente. O peso do grão e da palha limpos foi registado de acordo com o tratamento em kg por parcela e, finalmente, convertido em kg ha^{-1} para efeitos de análise.

3.8 Avaliação do tratamento

Para avaliar o efeito dos tratamentos nos parâmetros de crescimento, atributos de rendimento e rendimento, qualidade, teor de nutrientes e sua absorção e estado de fertilidade do solo, foram registadas as seguintes observações (Quadro 3.8) durante o curso da investigação.

3.8. 1Parâmetros de crescimento

3.8.1.1   População inicial   e final de plantas

O número de plantas de cada parcela foi contado aos 20 dias após a sementeira (DAS) e na colheita e registado para os respectivos tratamentos.

3.8.1.2 Altura da planta (cm)

A altura da planta foi medida a partir da base da planta (nível do solo) até ao topo do rebento principal das cinco plantas marcadas selecionadas aleatoriamente em cada parcela de rede de todas as réplicas na colheita. Foi calculado e registado um valor médio para cada parcela.

3.8.1.3 Número de ramos por planta

O número de ramos foi contado em cinco plantas selecionadas aleatoriamente de cada parcela da rede aquando da colheita. O número médio de ramos por planta foi calculado para cada tratamento.

Quadro 3.7 Calendário das acções culturais

S. Não.	Operações	Frequência	Data da ação
(A)	**Operações de pré-sementeira**		
1.	Lavoura por trator	1	13-11-2017
2.	Angustiante	1	13-11-2017
3.	Planking	1	14-11-2017
4.	Abertura de sulcos	1	15-11-2017
5.	Disposição do campo e preparação da cama de sementes	1	15-11-2017
6.	Aplicação basal de fertilizantes (Conforme os tratamentos)	1	16-11-2017
(B)	**Semeadura**		
1.	Semeadura	1	16-11-2017
(C)	**Operações pós-sementeira**		
1.	Interculturas	1	28-11-2017
2	Monda manual	1	18-12-2017
3.	Irrigação	5	16-11-2017
			01-12-2017
			22-12-2017
			20-01-2018
			12-02-2018
4.	Medidas fitossanitárias	1	13-01-2018
5.	Colheita	1	03-03-2018
6.	Debulha e peneiração	1	11-03-2018

3.8.1.4 Dias até 50% de floração

Em cada parcela foram marcadas dez plantas numa linha contínua e os dias que cinco plantas levaram para florescer foram registados e expressos em número de dias levados até 50% de floração. Os dias até 50% de floração foram calculados tomando a diferença de dias entre a data de sementeira e a data de floração.

Quadro 3.8 Observações registadas durante o inquérito

S. Não.	Parâmetros	Tamanho da amostra	Tempo de observação
(A)	**Parâmetros de crescimento**		
1.	População inicial e final de plantas	Parcela líquida	20 DAS e na colheita
2.	Altura da planta (cm)	5 plantas/parcela de rede	Na colheita
3.	Número de ramos por planta	5 plantas/parcela de rede	Na colheita
4.	Dias até 50 % de floração	Parcela líquida	A 50% de floração
5.	Produção de matéria seca (g planta $)^{-1}$	5 plantas/parcela	Aos 30 DAS, 60 DAS e na colheita
6.	Número de nódulos radiculares por planta	Amostra aleatória	Aos 55 DAS
(B)	**Atributos de rendimento e rendimento**		
7.	Número de vagens por planta	5 plantas	Na colheita
8.	Índice de sementes (g)	Amostra aleatória	Após a colheita
9.	Rendimento das sementes (kg ha $)^{-1}$	Parcela líquida	Após a colheita
10.	Rendimento da palha (kg ha $)^{-1}$	Parcela líquida	Após a colheita
11.	Rendimento biológico (kg ha $)^{-1}$	Parcela líquida	Após a colheita
12.	Índice de colheita (%)	-	Após a colheita
(C)	**Parâmetro de qualidade**		
13.	Teor de proteínas (%)	Amostra aleatória	Após a colheita
14.	Rendimento proteico (kg ha $)^{-1}$	Com base no rendimento das sementes e no teor de proteínas	Após a colheita
(D)	**Análise de plantas**		
15.	Teor de Zn (ppm) nas sementes e na palha	Amostra aleatória	Após a colheita
16.	Absorção de Zn (g ha $^{-1}$) pela cultura	Com base no teor de nutrientes e no rendimento	Após a colheita
(E)	**Análise do solo**		
17.	Zn disponível (mg kg $^{-1}$) no solo	Amostra aleatória	Antes da sementeira e depois da colheita
18.	Carbono orgânico no solo (%)	Amostra aleatória	Antes da sementeira e depois da colheita
19.	N, P2O5 e K2O disponíveis no solo	Amostra aleatória	Antes da sementeira e

			depois
	(kg ha)$^{-1}$		colheita
(F)	**Economia dos tratamentos**		
20.	Custo de cultivo (t ha$^-$ 1)	-	Após a colheita
21.	Rendimentos brutos (t ha$^-$ 1)	-	Após a colheita
22.	Rendimentos líquidos (t ha$^-$ 1)	-	Após a colheita
23.	Rácio B: C (ha^)^1	-	Após a colheita

3.8.1.5 Produção de matéria seca (g)

As amostras de plantas para estudos de matéria seca foram recolhidas aos 30 DAS, 60 DAS e na colheita. Em cada amostragem, cinco plantas foram arrancadas aleatoriamente das linhas de amostragem de cada parcela. Estas amostras foram primeiro secas ao ar e depois secas em estufa a 65^0 C até se obter um peso constante. O peso seco foi registado e expresso em gramas por planta.

3.8.1.6 Número de nódulos radiculares por planta

Cinco plantas foram selecionadas aleatoriamente aos 55 DAS das linhas de amostragem de cada parcela e desenraizadas cuidadosamente em solo húmido com a ajuda de um *khurpi*. A massa de solo que contém as raízes das plantas foi cuidadosamente lavada com água e os nódulos radiculares efectivos e totais foram contados para registar o número médio de nódulos (efectivos e totais) por planta.

3.8.2 Atributos de rendimento e rendimento

3.8.2.1 Número de vagens por planta

As cinco plantas selecionadas ao acaso foram utilizadas para contar o número de vagens por planta no momento da colheita e a sua média foi calculada para registar as vagens por planta.

3.8.2.2 Índice de sementes (peso de 100 sementes)

Uma amostra representativa de sementes foi retirada aleatoriamente do produto a granel de cada parcela de rede aquando da colheita, tendo sido contadas 100 sementes da amostra e registado o seu peso (g) para cada tratamento.

3.8.2.3 Rendimento das sementes

Depois de debulhados, peneirados e limpos, os produtos de cada parcela de rede foram pesados separadamente em quilogramas por parcela e depois convertidos em rendimento de sementes kg ha^{-1} .

3.8.2.4 Rendimento em palha

O rendimento em palha foi obtido subtraindo o rendimento em sementes (kg ha^{-1}) do rendimento biológico e expresso em kg ha^{-1} .

3.8.2.5 Rendimento biológico

O peso do produto colhido, completamente seco ao sol, de cada parcela de rede foi registado separadamente antes da debulha e expresso como rendimento biológico em kg ha^{-1} .

3.8.2.6 Índice de colheita (%)

O índice de colheita (%) foi calculado utilizando a seguinte fórmula (Donald e Hamblin, 1976).

$$\text{Índice de colheita } (\%) = \frac{\text{Economic yield (kg ha}^{-1})}{\text{Biological yield (kg ha}^{-1})} \times 100$$

3.8.3 Parâmetros de qualidade

3.8.3.1 Teor de proteínas (%)

O teor proteico das sementes foi determinado multiplicando o teor de azoto das sementes (%) por um fator de 6,25 (Gassi *et al.* 1973).

3.8.3.2 Rendimento proteico (kg ha)$^{-1}$

O rendimento proteico (kg ha^{-1}) foi calculado com a ajuda da seguinte fórmula.

$$\text{Rendimento proteico (kg ha-1)} = \frac{\text{Seed yield (kg ha}^{-1}) \times \text{Protein Percentage}}{100}$$

3.8.4 Estudos químicos

3.8.4.1 Análise das instalações

3.8.4.1.1 Teor e absorção de zinco

As amostras de sementes e palha recolhidas aquando da colheita dos produtos de cada unidade experimental foram secas em estufa a 70° C até atingirem um peso constante. Estas amostras foram submetidas a análises químicas para determinação das concentrações de micronutrientes. O teor de Zn (ppm) na semente e na palha foi determinado de acordo com o método sugerido por Lindsay e Norvell (1978), utilizando o espetrofotómetro de absorção atómica. A absorção de Zn (g ha^{-1}) foi calculada a partir dos dados de teor e rendimento de Zn, utilizando as seguintes fórmulas:

(a) Absorção de zinco pelas sementes (g ha)$^{-1}$

$$\text{Absorção de zinco (Semente)} = \frac{\text{Zn content in seed (ppm)} \times \text{Seed yield (kg ha}^{-1})}{1000}$$

(b) Absorção de zinco pela palha (g ha)$^{-1}$

$$\text{Absorção de zinco (Palha)} = \frac{\text{Zn content in straw (ppm)} \times \text{Straw yield (kg ha}^{-1})}{1000}$$

3.8.4.2 Análise do solo

Após a colheita do grão-de-bico, foram recolhidas aleatoriamente amostras de solo de cada parcela experimental a 0-30 cm de profundidade para determinar o carbono orgânico disponível, N, P, K e Zn, de acordo com os métodos indicados no Quadro 3.2.

3.8. 5Análise económica

3.8.5.1Custo de cultivo (? ha)$^{-1}$

As despesas incorridas com todas as operações de cultivo, desde a lavoura preparatória até à debulha, incluindo o custo dos factores de produção, *nomeadamente* sementes, fertilizantes, pesticidas, *etc.*, aplicados a cada tratamento, foram calculadas com base no preço de mercado dos factores de produção e da mão de obra.

3.8.5.2 Rendimentos brutos (? ha)$^{-1}$

O rendimento bruto em termos de rupias por hectare foi calculado tendo em conta a produção de sementes e de palha de grão-de-bico de cada tratamento e multiplicando-o pelos preços praticados no mercado local.

3.8.5. 3Retornos da rede (? ha)$^{-1}$

O rendimento líquido de cada tratamento foi calculado deduzindo o custo total da cultura dos rendimentos brutos.

3.8.5.4 Rácio benefício/custo

O rácio benefício/custo foi calculado com a ajuda da seguinte fórmula.

$$B{:}C\ Ratio = \frac{Gross\ returns\ (₹\ ha^{-1})}{Total\ cost\ of\ cultivation\ (₹\ ha^{-1})}$$

3.9 Análise estatística

A análise estatística dos dados individuais de vários caracteres estudados na experiência foi efectuada de acordo com o desenho de blocos aleatórios factoriais (FRBD), utilizando procedimentos estatísticos padrão, tal como descrito por Panse e Sukhatme (1985). O erro padrão da média, a diferença crítica (C.D.) ao nível de 5% de probabilidade e o coeficiente de variância foram calculados para a interpretação dos resultados.

CAPÍTULO IV
RESULTADOS EXPERIMENTAIS

Os resultados da experiência de campo intitulada "Biofortificação de variedades de grão-de-bico (*Cicer arietinum* L.) através de sementes, solo e aplicação foliar" conduzida na Fazenda Instrucional, Departamento de Agronomia, Universidade Agrícola de Junagadh, Junagadh durante a estação *rabi* de 2017-18 são apresentados neste capítulo juntamente com inferências estatísticas. Os dados relativos ao efeito das variedades e dos tratamentos de biofortificação com zinco em vários aspectos do crescimento, atributos de rendimento, rendimento, qualidade, teor e absorção de nutrientes e estado disponível de nutrientes do solo após a colheita da cultura do grão-de-bico foram submetidos a uma análise estatística para o teste de significância dos resultados. A "Análise de variância" para estes dados foi apresentada nos Apêndices I a XV com níveis de significância. Os resultados também foram representados graficamente sempre que necessário. Todos os resultados relativos aos diferentes tratamentos são aqui descritos nas seguintes rubricas.

4.1 População de plantas

4.2 Parâmetros de crescimento

4.3 Atributos de rendimento e rendimento

4.4 Parâmetros de qualidade

4.5 Teor e absorção de nutrientes

4.6 Nutrientes disponíveis no solo

4.7 Economia

4.8 Estudos de correlação e regressão

4.1 POPULAÇÃO DE PLANTAS

Os dados relativos à população inicial e final de plantas são apresentados nos Quadros 4.1 e 4.2 e a sua análise de variância é fornecida no Apêndice I.

(A) Efeito das variedades

O exame dos dados revelou que, estatisticamente, não houve qualquer efeito significativo das diferentes variedades de grão-de-bico na população inicial e final de plantas registada inicialmente aos 20 dias após a sementeira (Quadro 4.1) e final na colheita (Quadro 4.2). Isto indica que não houve qualquer efeito adverso das diferentes variedades na germinação (população inicial de plantas) e na sobrevivência das plântulas (população final de plantas) das plantas cultivadas.

(B) Efeito da biofortificação com zinco

A população de plantas registada aos 20 DAS (Inicial) e na colheita (Final) estatisticamente não influenciou significativamente devido aos diferentes tratamentos de biofortificação de zinco testados na experiência. Assim, os resultados ilustram claramente que não houve efeito adverso dos diferentes tratamentos de biofortificação com zinco (aplicados através de sementes, solo ou pulverização foliar) no grão-de-bico e a população de plantas em todas as parcelas de tratamento foi uniforme.

(C) Interação

A análise dos dados relativos à população inicial e final de plantas (Quadro 4.1 e 4.2) mostrou que não houve um efeito de interação significativo entre as diferentes variedades e os tratamentos de biofortificação com zinco na cultura do grão-de-bico.

Tabela-4.1: Efeito da biofortificação com Zn na população inicial de plantas

Tratamentos	População inicial de plantas	lação (Plantas ha $)^{-1}$
Variedades (V)		
v_1: GG 1		206025
v_2: GJG 3		208925
S.Em.±		2647
C.D. a 5%		NS
Níveis de fertilizantes (F)		
F_1: Controlo		203265
F_2: Tratamento de sementes ZnSO4 @ 3 g kg^{-1} seed		205483
F_3: 0,5% ZnSO4 em pulverização foliar		207603
F_4: Tratamento de sementes ZnSO4 @ 3 g kg^{-1} sementes + 0,5% ZnSO4 foliar pulverização		206351
F_5: Aplicação no solo de ZnSO4 @ 25 kg ha^{-1}		210915
F_6: Aplicação no solo de ZnSO4 @ 25 kg ha^{-1} + 0,5% ZnSO4 foliar pulverização		211234
S.Em.±		4585
C.D. a 5%		NS
Interação (V×F)		
S.Em.±		6484
C.D. a 5%		NS
C.V.%		5.41

Tabela-4.2: Efeito da biofortificação com Zn na população final de plantas

Tratamentos	População final de plantas (Plantas ha $)^{-1}$
Variedades (V)	
v_1: GG	1197525
v_2: GJG	3196703
S.Em. ±2880	
C.D. em 5%NS	
Níveis de fertilizantes (F)	
F_1: Controlo191599	
F_2: Tratamento de sementes ZnSO4 @ 3 g kg^{-1} seed195483	
F_3: 0,5% ZnSO4 em pulverização foliar195936	
F_4: Tratamento de sementes ZnSO4 @ 3 g kg^{-1} sementes + 0,5% ZnSO4 foliar 196351 pulverização	
F_5: Aplicação no solo de ZnSO4 @ 25 kg ha^{-1} 199248	
F_6: Aplicação no solo de ZnSO4 @ 25 kg ha^{-1} + 0,5% ZnSO4 foliar 204068 pulverização	
S.Em. ±4989	
C.D. em 5%NS	
Interação (V×F)	
S.Em. ±7055	
C.D. em 5%NS	
C.V.%6 ,20	

4.2 PARÂMETROS DE CRESCIMENTO
4.2.1 Altura da planta (cm)
Os dados relativos à altura da planta registados na colheita são apresentados no Quadro 4.3, representados graficamente na Fig. 4.1 e a sua análise de variância é dada no Apêndice I.
(A) Efeito das variedades
Os dados sobre a altura das plantas mostraram que as variedades de grão-de-bico não tiveram influência significativa na altura das plantas. No entanto, foi medida uma altura de planta numericamente mais elevada com a variedade GJG 3 do que com a GG 1 (Quadro 4.3).
(B) Efeito da biofortificação com zinco
A análise dos dados relativos à altura das plantas mostrou que os diferentes tratamentos de biofortificação com zinco influenciaram significativamente a altura das plantas (Quadro 4.3). Significativamente, a maior altura de planta (43.83 cm) foi registada sob o tratamento F6 (Aplicação no solo de ZnSO4 @ 25 kg ha^{-1} + 0.5% ZnSO4 pulverização foliar), que permaneceu estatisticamente a par com os tratamentos F3 (0.5% ZnSO4 pulverização foliar), F5 (Aplicação no solo de ZnSO4 @ 25 kg ha^{-1}) e F4 (Tratamento de sementes ZnSO4 @ 3 g kg^{-1} semente + 0.5% ZnSO4 pulverização foliar). A altura mais baixa das plantas (37,20 cm) foi registada na parcela de controlo.
(C) Interação
Uma análise dos dados (Quadro 4.3) mostrou que o efeito de interação das variedades e dos tratamentos de fortificação com zinco na altura da planta na colheita não foi significativo.

Tabela-4.3: Efeito da biofortificação com Zn na altura da planta de grão-de-bico na colheita

Tratamentos	Altura da planta (cm)
Variedades (V)	
v_1: GG 1	39.74
v_2: GJG 3	40.95
S.Em.±	0.76
C.D. a 5%	NS
Níveis de fertilizantes (F)	
F_1: Controlo	37.20
F_2: Tratamento de sementes ZnSO4 @ 3 g kg^{-1} seed	39.30
F_3: 0,5% ZnSO4 em pulverização foliar	40.12
F_4: Tratamento de sementes ZnSO4 @ 3 g kg^{-1} sementes + 0,5% ZnSO4 pulverização foliar	41.17
F_5: Aplicação no solo de ZnSO4 @ 25 kg ha^{-1}	40.47
F_6: Aplicação no solo de ZnSO4 @ 25 kg ha^{-1} + pulverização foliar de 0,5% de ZnSO4	43.83
S.Em.±	1.32
C.D. a 5%	3.87
Interação (V×F)	
S.Em.±	1.86
C.D. a 5%	NS
C.V.%	8.00

4.2.2 Número de ramos por planta

Os dados relativos ao número de ramos por planta observados na colheita são apresentados no quadro
4.4, representados graficamente na Fig. 4.2 e a sua análise de variância é apresentada no Apêndice II.

(A) Efeito das variedades

Os dados sobre o número de ramos por planta registados na colheita (Quadro 4.4) revelaram que as variedades de grão-de-bico não tiveram influência significativa no número de ramos por planta. No entanto, numericamente, a variedade GJG 3 produziu mais ramos do que a variedade GG 1.

(B) Efeito da biofortificação com zinco

Diferentes tratamentos de fortificação com zinco aplicados através de sementes ou solo ou pulverização foliar nas fases de floração e enchimento de vagens influenciaram significativamente o número de ramos por planta da cultura do grão-de-bico (Quadro 4.4). Os dados revelaram que os diferentes tratamentos de biofortificação com zinco aumentaram o número de ramos por planta. O número máximo de ramos por planta na colheita (8,52 cm) foi registado com o tratamento F6 (aplicação no solo de ZnSO4 @ 25 kg ha^{-1} + 0,5% ZnSO4 pulverização foliar), que foi significativamente maior do que o controlo, enquanto que foi encontrado a par com a aplicação no solo de ZnSO4 @ 25 kg ha^{-1} (F5) e tratamento de sementes ZnSO4 @ 3 g kg^{-1} sementes + 0.5 % ZnSO4 pulverização foliar (F4), que aumentou o número de ramos por planta na colheita em 27,92, 25,07 e 17,86 por cento, respetivamente, em relação ao controlo (6,66 cm).

(C) Interação

Uma análise dos dados (Quadro 4.3) revelou que o efeito de interação das variedades e dos tratamentos de fortificação com zinco no número de ramos por planta não foi significativo.

4.2.3 Dias até 50% de floração

Os dados de dias para 50% de floração são apresentados na Tabela 4.5, graficamente representados na Fig. 4.3 e sua análise de variância é dada no Apêndice-II.

(A) Efeito das variedades

É evidente a partir dos dados (Quadro 4.5) que as variedades de grão-de-bico apresentaram variações não significativas no que respeita ao número de dias necessários para atingir 50% de floração. No entanto, numericamente, a variedade GJG 3 atinge 50% de floração ligeiramente mais cedo do que a variedade GG 1.

(B) Efeito da biofortificação com zinco

Os dias para 50% de floração foram significativamente influenciados por diferentes tratamentos de biofortificação com zinco (Tabela 4.5). Significativamente, a floração mais precoce (44 dias) foi registada com o tratamento F6 (aplicação no solo de ZnSO4 @ 25 kg ha^{-1} + 0,5% ZnSO4 pulverização foliar) que manteve estatisticamente a equivalência com os tratamentos F5 (aplicação no solo de ZnSo4 @ 25 Kg ha^{-1}) e F4 (tratamento de sementes ZnSO4 @ 3 g kg^{-1} sementes + 0,5% ZnSO4 pulverização foliar). Significativamente, a floração tardia (48,83 dias) foi registada na parcela de controlo.

(C) Interação

Os dados examinados (Quadro 4.5) dos dias para 50% de floração mostraram que não se observou um efeito de interação significativo entre as variedades e a fertilização com zinco.

Tabela-4.4: Efeito da biofortificação com Zn no número de ramos por planta de grão-de-bico na colheita

Tratamentos	Número de ramos por planta
Variedades (V)	
v_1: GG 1	
v_2: GJG 3	
S.Em.±	
C.D. a 5%	
Níveis de fertilizantes (F)	
F_1: Controlo	
F_2: Tratamento de sementes ZnSO4 @ 3 g kg^{-1} seed	
F_3: 0,5% ZnSO4 em pulverização foliar	
F_4: Tratamento de sementes ZnSO4 @ 3 g kg^{-1} sementes + 0,5% ZnSO4 pulverização foliar	
F_5: Aplicação no solo de ZnSO4 @ 25 kg ha^{-1}	7,69 7,82 0,17 NS
F_6: Aplicação no solo de ZnSO4 @ 25 kg ha^{-1} + pulverização foliar de	6.66
0,5% de ZnSO4	7.60
S.Em.±	7.61
C.D. a 5%	7.85
Interação (V×F)	8.33
S.Em.±	8.52
C.D. a 5%	0.29 0.85
C.V.%	0,41 NS 9,12

4.2.4 Número de nódulos radiculares por planta

Os dados relativos ao número de nódulos radiculares por planta registados aos 55 dias de crescimento da cultura são apresentados no Quadro 4.6 e a sua análise de variância é fornecida no Apêndice II.

(A) Efeito das variedades

É óbvio a partir dos dados apresentados na Tabela 4.6 que as variedades de grão-de-bico mostraram diferenças não significativas na formação de nódulos radiculares por planta. Os dados mostram que as duas variedades não têm efeito da biofortificação com zinco na formação de nódulos radiculares. **(B) Efeito da biofortificação com zinco**

Um olhar atento aos dados (Tabela 4.6) relativos à formação de nódulos radiculares por planta apresentados na Tabela 4.6 revelou que a aplicação de diferentes tratamentos de biofortificação com zinco, seja através de sementes ou solo ou pulverização foliar, não tem efeito significativo na formação de nódulos radiculares por planta aos 55 dias após a semeadura.

(C) Interação

O efeito da interação entre as variedades e os tratamentos de fortificação com zinco foi considerado não significativo na formação de nódulos radiculares aos 55 DAS na cultura do grão-de-bico.

Tabela-4.5: Efeito da biofortificação com Zn nos dias até 50% de floração do grão-de-bico

Tratamentos	Dias até 50% de floração
Variedades (V)	
v_1: GG 1	46.89
v_2: GJG 3	46.06
S.Em.±	0.56
C.D. a 5%	NS
Níveis de fertilizantes (F)	
F_1: Controlo	48.83
F_2: Tratamento de sementes ZnSO4 @ 3 g kg^{-1} seed	47.17
F_3: 0,5% ZnSO4 em pulverização foliar	47.17
F_4: Tratamento de sementes ZnSO4 @ 3 g kg^{-1} sementes + 0,5% ZnSO4 foliar pulverização	46.83
F_5: Aplicação no solo de ZnSO4 @ 25 kg ha^{-1}	44.83
F_6: Aplicação no solo de ZnSO4 @ 25 kg ha^{-1} + 0,5% ZnSO4 foliar pulverização	44.00
S.Em.±	0.98
C.D. a 5%	2.86
Interação (V×F)	
S.Em.±	1.38
C.D. a 5%	NS
C.V.%	5.14

Tabela-4.6: Efeito da biofortificação com Zn nos nódulos de raiz por planta aos 55 DAS do grão-de-bico

Tratamentos	Nódulos radiculares por planta aos 55 DAS
Variedades (V)	
v_1: GG 1	17.67
v_2: GJG 3	18.39
S.Em.±	0.32
C.D. a 5%	NS
Níveis de fertilizantes (F)	
F_1: Controlo	16.83
F_2: Tratamento de sementes ZnSO4 @ 3 g kg^{-1} seed	17.83
F_3: 0,5% ZnSO4 em pulverização foliar	17.83
F_4: Tratamento de sementes ZnSO4 @ 3 g kg^{-1} sementes + 0,5% ZnSO4 foliar pulverização	18.00
F_5: Aplicação no solo de ZnSO4 @ 25 kg ha^{-1}	19.17
F_6: Aplicação no solo de ZnSO4 @ 25 kg ha^{-1} + 0,5% ZnSO4 foliar	

pulverização	18.50
S.Em.±	0.55
C.D. a 5%	NS
Interação (V×F)	
S.Em.±	0.77
C.D. a 5%	NS
C.V.%	7.51

4.2.5 Produção de matéria seca

Os dados sobre a produção de matéria seca registados aos 30 DAS, 60 DAS e na colheita são apresentados no Quadro 4.7, representados graficamente na Fig 4.4 e a sua análise de variância é fornecida no Apêndice-III.

(A) Efeito das variedades

Um exame dos dados (Quadro 4.7) indicou que a produção de matéria seca por planta foi significativamente influenciada pelas variedades de grão-de-bico medidas aos 30 DAS. No entanto, a produção de matéria seca registada aos 60 DAS e na colheita entre as diferentes variedades de grão-de-bico mostrou estatisticamente um efeito não significativo.

A análise dos dados mostrou claramente que a maior produção de matéria seca por planta (2,52 g) aos 30 DAS foi registada com a variedade GJG 3, que foi 6,78 por cento mais do que a variedade GG 1 (2,36 g).

(B) Efeito da biofortificação com zinco

Uma leitura dos dados elucidou que a produção de matéria seca por planta aos 30 DAS, 60 DAS e na colheita foi significativamente influenciada por diferentes tratamentos de biofortificação de zinco aplicados através de sementes ou solo ou pulverização foliar nas fases de floração e enchimento de vagens (Tabela 4.7).

Aos 30 DAS, significativamente a maior produção de matéria seca por planta (2.85 g) foi registada sob o tratamento F6 (aplicação no solo de ZnSO4 @ 25 kg ha^{-1} + 0.5% ZnSO4 pulverização foliar) sobre todos os outros tratamentos de biofortificação, exceto o tratamento F5 (aplicação no solo de ZnSO4 @ 25 kg ha^{-1}). Considerando que, significativamente, a menor produção de matéria seca por planta (1,90 g) foi observada na parcela de controlo (F1).

Aos 60 DAS, a biofortificação de zinco através da aplicação no solo de ZnSO4 @ 25 kg ha^{-1} + 0,5% ZnSO4 pulverização foliar (F6) produziu significativamente a maior matéria seca por planta (16,67 g) sobre todos os outros tratamentos de biofortificação de zinco (Tabela 4.7). Por outro lado, a produção de matéria seca mais baixa aos 60 DAS (10,88 g) foi registada no tratamento F1 (controlo).

Na colheita, a produção de matéria seca foi significativamente influenciada pelos tratamentos de fortificação com zinco, onde a maior produção de matéria seca por planta (33,12 g) foi registada no tratamento F6 (aplicação no solo de ZnSO4 @ 25 kg ha^{-1} + 0,5% ZnSO4 pulverização foliar) e permaneceu estatisticamente a par com o tratamento F5 (aplicação no solo de ZnSO4 @ 25 kg ha^{-1}), que aumentou a produção de matéria seca para a melodia de 71,07 e 63,58 por cento sobre o controlo (Tabela 4.7). Significativamente, a menor produção de matéria seca por planta (19,36 g) foi observada na parcela de controlo.

(C) Interação

Uma avaliação dos dados (Quadro 4.7) relativos à produção de matéria seca por planta aos 30 DAS, 60 DAS e na colheita mostrou que as diferentes variedades de grão-de-bico e a biofortificação com zinco, quer através de sementes ou solo ou pulverização foliar, não causaram qualquer efeito de interação significativo na acumulação de matéria seca na cultura do grão-de-bico.

4.3 ATRIBUTOS DE RENDIMENTO E RENDIMENTO

4.3.1 Número de vagens por planta

Os dados relativos ao número de vagens por planta contadas na colheita são dados no Quadro 4.8, representados graficamente na Fig. 4.5 e a sua análise de variância é fornecida no Apêndice IV.

(A) Efeito das variedades

Os dados (Quadro 4.8) mostram claramente que o número de vagens por planta foi significativamente influenciado pelas diferentes variedades de grão-de-bico. Significativamente, o maior número de vagens por planta (45,83) foi registado na variedade GG 1 do que na variedade GJG 3 (42 vagens).

Tabela-4.7: Efeito da biofortificação com Zn na produção de matéria seca do grão-de-bico

		Produção de matéria seca		
	Tratamentos	30 DAS	60 DAS	Na colheita
Variedades (V)				
v_1: GG 1		2.36	13.60	26.44
v_2: GJG 3		2.52	13.88	26.73
S.Em.±		0.05	0.27	0.49
C.D. a 5%		0.15	NS	NS
Níveis de fertilizantes (F)				
F_1: Controlo		1.90	10.88	19.36
F_2: Tratamento de sementes ZnSO4 @ 3 g kg^{-1} seed		2.21	12.00	22.01
F_3: 0,5% ZnSO4 em pulverização foliar		2.38	13.52	25.01
F_4: Tratamento de sementes ZnSO4 @ 3 g kg^{-1} sementes + 0,5% Pulverização foliar de ZnSO4		2.56	14.20	28.39
F_5: Aplicação no solo de ZnSO4 @ 25 kg ha^{-1}		2.72	15.20	31.67
F_6: Aplicação no solo de ZnSO4 @ 25 kg ha^{-1} + 0,5%. Pulverização foliar de ZnSO4		2.85	16.67	33.12
S.Em.±		0.09	0.46	0.85
C.D. a 5%		0.26	1.35	2.50
Interação (V×F)				
S.Em.±		0.12	0.65	1.21
C.D. a 5%		NS	NS	NS
C.V.%		8.74	8.23	7.85

(B) Efeito da biofortificação com zinco

Os dados apresentados no Quadro 4.8 indicam que os tratamentos de fortificação com zinco influenciaram significativamente o número de vagens por planta. O tratamento F6 (aplicação no solo de ZnSO4 @ 25 kg ha^{-1} + 0,5% ZnSO4 pulverização foliar) registou valores significativamente mais elevados de vagens por planta (55,17) sobre o resto dos tratamentos. No entanto, foi encontrado estatisticamente a par com o tratamento F5 (aplicação no solo de ZnSO4 @ 25 kg ha^{-1}). Significativamente, o menor número de vagens por planta (32,17) foi observado no tratamento F_1 (controlo).

(C) Interação

Os dados apresentados no Quadro 4.8 relativos ao número de vagens por planta mostraram que as diferentes variedades de grão-de-bico e os tratamentos de biofortificação com zinco não causaram qualquer efeito de interação significativo no número de vagens por planta na cultura do grão-de-bico

Tabela-4.8: Efeito da biofortificação com Zn no número de vagens por planta de grão-de-bico

Tratamentos	Número de vagens por planta
Variedades (V)	
v₁: GG 1	45.83
v₂: GJG 3	42.00
S.Em.±	1.18
C.D. a 5%	3.45
Níveis de fertilizantes (F)	
F₁: Controlo	32.17
F₂: Tratamento de sementes ZnSO4 @ 3 g kg⁻¹ seed	37.50
F₃: 0,5% ZnSO4 em pulverização foliar	42.67
F₄: Tratamento de sementes ZnSO4 @ 3 g kg⁻¹ sementes + 0,5% ZnSO4 pulverização foliar	45.83
F₅: Aplicação no solo de ZnSO4 @ 25 kg ha⁻¹	50.17
F₆: Aplicação no solo de ZnSO4 @ 25 kg ha⁻¹ + 0,5% ZnSO4 foliar pulverização	55.17
S.Em.±	2.04
C.D. a 5%	5.98
Interação (V×F)	
S.Em.±	2.88
C.D. a 5%	NS
C.V.%	11.38

4.3.2 Peso de 100 sementes (g)

Os dados relativos ao peso de 100 sementes registados na colheita são apresentados no Quadro 4.9, representados graficamente na Fig. 4.6 e a sua análise de variância é dada no Apêndice IV.

(A) Efeito das variedades

A partir dos dados apresentados no Quadro 4.9, é evidente que se verificou uma influência significativa das diferentes variedades de grão-de-bico no peso de 100 sementes (g) do grão-de-bico. Significativamente, o valor mais elevado do peso de 100 sementes (23,32 g) foi registado na variedade GJG 3 em relação à GG 1, que foi 34,24 por cento superior à GG 1.

(B) Efeito da biofortificação com zinco

Os dados apresentados no Quadro 4.9 revelam claramente que a aplicação de diferentes tratamentos de biofortificação com zinco, quer através de sementes ou solo ou pulverização foliar, não causou qualquer efeito significativo no peso de 100 sementes de grão-de-bico.

(C) Interação

Uma análise dos dados (Quadro 4.9) revelou que o efeito de interação entre as diferentes variedades de grão-de-bico, bem como a aplicação de tratamentos de biofortificação com zinco, foi considerado não significativo no peso de 100 sementes.

4.3.3 Rendimento das sementes

O Quadro 4.10 apresenta um resumo dos dados relativos ao rendimento de sementes de grão-de-bico registados na colheita, representados graficamente na Fig. 4.7 e a sua análise de variância é apresentada no Apêndice-V.

(A) Efeito das variedades

Os dados apresentados no Quadro 4.10 indicam que ambas as variedades de grão-de-bico diferem significativamente uma da outra no que diz respeito ao registo do rendimento de sementes. Entre as variedades, a GJG 3 registou um rendimento de sementes significativamente mais elevado (2074 kg ha^{-1}) com uma magnitude de superioridade de 8,70 por cento sobre a variedade GG 1.

(B) Efeito da biofortificação com zinco

Os dados apresentados no Quadro 4.10 revelam que a produção de sementes de grão-de-bico foi significativamente influenciada por todos os tratamentos de fortificação com zinco. Entre os vários tratamentos de fortificação com zinco, a aplicação no solo de ZnSO4 @ 25 kg ha^{-1} + 0,5% ZnSO4 pulverização foliar (F6) registou significativamente o maior rendimento de sementes (2288 kg ha^{-1}), que foi estatisticamente igual ao tratamento F5 (aplicação no solo de ZnSO4 @ 25 kg ha^{-1}). Por outro lado, o tratamento

O tratamento F1 (Controlo) registou significativamente o menor rendimento de sementes (1759 kg ha^{-1}). A magnitude do aumento na produção de sementes com os tratamentos F6 (aplicação no solo de ZnSO4 @ 25 kg ha^{-1} + 0,5% ZnSO4 pulverização foliar) e F5 (aplicação no solo de ZnSO4 @ 25 kg ha^{-1}) foi de 30,07 e 21,03 por cento, respetivamente, sobre o controlo.

(C) Interação

Os dados apresentados no Quadro 4.10 revelam que o efeito de interação das diferentes variedades e dos tratamentos de fortificação com zinco no rendimento das sementes não foi significativo.

Tabela-4.9: Efeito da biofortificação com Zn no peso de 100 sementes de grão-de-bico

Tratamentos	Peso de 100 sementes (g)
Variedades (V)	
V1: GG 1	17.52
V2: GJG 3	23.32
S.Em.±	0.33
C.D. a 5%	0.98
Níveis de fertilizantes (F)	
F1: Controlo	20.13
F2: Tratamento de sementes ZnSO4 @ 3 g kg^{-1} seed	20.71
F3: 0,5% ZnSO4 em pulverização foliar	20.01
F4: Tratamento de sementes ZnSO4 @ 3 g kg^{-1} sementes + 0,5% ZnSO4 pulverização foliar	20.94
F5: Aplicação no solo de ZnSO4 @ 25 kg ha^{-1}	20.16

F6: Aplicação no solo de ZnSO4 @ 25 kg ha^{-1} + pulverização
foliar de 0,5% de ZnSO4   20.58
S.Em.±   0.58
C.D. a 5%   NS
Interação (V×F)
S.Em.±   0.82
C.D. a 5%   NS
C.V.%   6.92

4.3.4 Rendimento em palha

Os dados relativos ao rendimento da palha registados na colheita são apresentados no Quadro 4.11, representados graficamente na Fig. 4.7 e a sua análise de variância é dada no Apêndice-V. **(A) Efeito das variedades**

Os dados sobre o rendimento de palha sob a influência das variedades são apresentados no Quadro 4.11, que segue a mesma tendência que o rendimento de sementes. Os dados indicam que ambas as variedades de grão-de-bico diferem significativamente uma da outra no que diz respeito ao registo do rendimento em palha.

Significativamente, o maior rendimento de palha (3369 kg ha^{-1}) foi registado na variedade GJG 3 em comparação com a variedade GG 1 (3094 kg ha^{-1}).

(B) Efeito da biofortificação com zinco

Os dados apresentados no Quadro 4.11 indicam que o rendimento da palha do grão-de-bico foi significativamente influenciado por todos os tratamentos de fortificação com zinco. A aplicação de diferentes tratamentos de biofortificação com zinco, quer através de sementes ou solo ou pulverização foliar, aumentou significativamente o rendimento da palha em relação ao controlo. O maior rendimento de palha (3553 kg ha^{-1}) foi registado com o tratamento F6 (aplicação no solo de ZnSO4 @ 25 kg ha^{-1} + 0,5% ZnSO4 pulverização foliar), que estatisticamente mostrou equivalência com o tratamento F5 (aplicação no solo de ZnSO4 @ 25 kg ha^{-1}) e tratamento F3 (0,5% ZnSO4 pulverização foliar).

Significativamente, a menor produção de palha foi registada sob a parcela de controlo (2906 kg ha^{-1}), que foi 22,26 e 15,62 por cento menor sobre os tratamentos de fortificação com zinco F6 (aplicação no solo ZnSO4 @ 25 kg ha^{-1} + 0,5% ZnSO4 pulverização foliar) e F5 (aplicação no solo ZnSO4 @ 25 kg ha^{-1}) e, respetivamente.

Tabela-4.10: Efeito da biofortificação com Zn na produção de sementes de grão-de-bico

Tratamentos	Rendimento das sementes (kg ha^{-1})
Variedades (V)	
V1: GG 1	1908
V2: GJG 3	2074
S.Em.±	55
C.D. a 5%	161.89
Níveis de fertilizantes (F)	
F1: Controlo	1759
F2: Tratamento de sementes ZnSO4 @ 3 g kg^{-1} seed	1886
F3: 0,5% ZnSO4 em pulverização foliar	1895

F4: Tratamento de sementes ZnSO4 @ 3 g kg^{-1} sementes + 0,5%

ZnSO4 pulverização foliar	1987
F5: Aplicação no solo de ZnSO4 @ 25 kg ha^{-1}	2129
F6: Aplicação no solo de ZnSO4 @ 25 kg ha^{-1} + pulverização foliar	
de 0,5% de ZnSO4	2288
S.Em.±	95
C.D. a 5%	280.41
Interação (V×F)	
S.Em.±	135
C.D. a 5%	NS
C.V.%	11.76

(C) Interação

Os dados apresentados no quadro 4.11 revelam que o efeito de interação entre as diferentes variedades de grão-de-bico e a aplicação de tratamentos de fortificação com zinco no rendimento da palha não foi significativo.

Tabela-4.11: Efeito da biofortificação com Zn no rendimento de palha do grão-de-bico

Tratamentos	Rendimento da palha (kg ha⁻1)
Variedades (V)	
V1: GG 1	
V2: GJG 3	
S.Em.±	
C.D. a 5%	
Níveis de fertilizantes (F)	
F1: Controlo	
F2: Tratamento de sementes ZnSO4 @ 3 g kg^{-1} seed	
F3: 0,5% ZnSO4 em pulverização foliar	
F4: Tratamento de sementes ZnSO4 @ 3 g kg^{-1} sementes + 0,5% ZnSO4 pulverização foliar	
F5: Aplicação no solo de ZnSO4 @ 25 kg ha^{-1}	
F6: Aplicação no solo de ZnSO4 @ 25 kg ha^{-1} + pulverização foliar de 0,5% de ZnSO4	3094 3369 69.09 202.65
S.Em.±	2906 3115 3233
C.D. a 5%	3181
Interação (V×F)	3360
S.Em.±	3553
C.D. a 5%	119.68 351.00
C.V.%	169,25 NS 9,07

4.3.5 Rendimento biológico

Os dados relativos ao rendimento biológico são apresentados no Quadro 4.12, representados graficamente na Fig. 4.7 e a sua análise de variância é dada no Apêndice-V.

(A) Efeito das variedades

Os dados apresentados no Quadro 4.12 indicam que ambas as variedades de grão-de-bico diferem significativamente uma da outra no que diz respeito ao registo do rendimento biológico. Entre as variedades, a GJG 3 registou significativamente o maior rendimento biológico (5443 kg ha^{-1}) com uma magnitude de superioridade de 8,82% sobre a GG 1 (5002 kg ha^{-1}).

(B) Efeito da biofortificação com zinco

É evidente a partir dos dados apresentados no Quadro 4.12 que os diferentes tratamentos de fortificação com zinco mostraram um efeito significativo no rendimento biológico do grão-de-bico. Entre os vários tratamentos de fortificação com zinco, a aplicação no solo de ZnSO4 @ 25 kg ha^{-1} + 0,5% ZnSO4 pulverização foliar (F6) registou significativamente o maior rendimento biológico (5840 kg ha^{-1}) sobre todos os outros tratamentos, exceto o tratamento F5 (aplicação no solo de ZnSO4 @ 25 kg ha^{-1}). Significativamente, o rendimento biológico mais baixo (4665 kg ha^{-1}) foi registado na parcela de controlo.

(C) Interação

Os dados sobre o rendimento biológico apresentados no Quadro 4.12 indicam que o efeito de interação entre as variedades e os diferentes tratamentos de fortificação com zinco aplicados através de sementes ou solo ou pulverização foliar foi considerado não significativo no que diz respeito ao rendimento biológico.

Tabela-4.12: Efeito da biofortificação com Zn no rendimento biológico do grão-de-bico

Tratamentos	Rendimento biológico (kg ha)$^{-1}$
Variedades (V)	
v1: GG 1	5002
v2: GJG 3	5443
S.Em.±	93
C.D. a 5%	273.65
Níveis de fertilizantes (F)	
F1: Controlo	4665
F2: Tratamento de sementes ZnSO4 @ 3 g kg^{-1} seed	5044
F3: 0,5% ZnSO4 em pulverização foliar	5128
F4: Tratamento de sementes ZnSO4 @ 3 g kg^{-1} sementes + 0,5% ZnSO4 foliar pulverização	5168
F5: Aplicação no solo de ZnSO4 @ 25 kg ha^{-1}	5449
F6: Aplicação no solo de ZnSO4 @ 25 kg ha^{-1} + 0,5% ZnSO4 foliar pulverização	5840
S.Em.±	161
C.D. a 5%	473.98
Interação (V×F)	
S.Em.±	228
C.D. a 5%	NS
C.V.%	7.58

4.3.6 Índice de colheita

Os dados relativos ao índice de colheita são apresentados no Quadro 4.13 e a sua análise de variância é fornecida no Apêndice-V.

(A) Efeito das variedades

Os dados apresentados no Quadro 4.13 revelaram que o efeito das diferentes variedades de grão-de-bico no índice de colheita foi considerado não significativo.

(B) Efeito da biofortificação com zinco

O escrutínio dos dados informou que a aplicação de diferentes tratamentos de fortificação com zinco não causou consequências significativas no índice de colheita da cultura (Tabela 4.13). No entanto, o índice de colheita numericamente máximo (39,09 por cento) foi registado no tratamento F6 (aplicação no solo de ZnSO4 @ 25 kg ha^{-1} + 0,5% ZnSO4 pulverização foliar) e mínimo (37,68 por cento) na parcela de controlo.

(C) Interação

Os dados apresentados no Quadro 4.13 revelaram que o efeito de interação entre as variedades e os tratamentos de fortificação com zinco no índice de colheita não foi significativo.

Tabela-4.13: Efeito da biofortificação com Zn no índice de colheita da cultura do grão-de-bico

Tratamentos	Índice de colheita (%)
Variedades (V)	
v_1: GG 1	38.07
v_2: GJG 3	38.09
S.Em.±	0.74
C.D. a 5%	NS
Níveis de fertilizantes (F)	
F_1: Controlo	37.68
F_2: Tratamento de sementes ZnSO4 @ 3 g kg^{-1} seed	37.34
F_3: 0,5% ZnSO4 em pulverização foliar	36.86
F_4: Tratamento de sementes ZnSO4 @ 3 g kg^{-1} sementes + 0,5% ZnSO4	
pulverização foliar	38.67
F_5: Aplicação no solo de ZnSO4 @ 25 kg ha^{-1}	38.86
F_6: Aplicação no solo de ZnSO4 @ 25 kg ha^{-1} + 0,5% ZnSO4 foliar	
pulverização	39.09
S.Em.±	1.28
C.D. a 5%	NS
Interação (V×F)	
S.Em.±	1.81
C.D. a 5%	NS
C.V.%	8.23

4.4 PARÂMETRO DE QUALIDADE

4.4.1 Teor de proteínas nas sementes

Os dados sobre o teor de proteínas nas sementes analisadas na colheita são apresentados no Quadro 4.14, representados graficamente na Fig. 4.8 e a sua análise de variância é dada no Apêndice-VI. **(A) Efeito das variedades**

Os dados sobre o teor de proteínas são apresentados no quadro 4.14 e revelam que as diferentes variedades de grão-de-bico mostraram um efeito não significativo no teor de proteínas das sementes de grão-de-bico.

(B) Efeito da biofortificação com zinco

É explícito a partir dos dados apresentados na Tabela 4.14 que a biofortificação de zinco através da aplicação no solo de ZnSO4 @ 25 kg ha^{-1} + 0,5% ZnSO4 pulverização foliar (F6) registou significativamente o maior teor de proteína na semente (22,89%), que manteve a equivalência estatística com o tratamento F5 (aplicação no solo ZnSO4 @ 25 kg ha$^{-1)}$). Significativamente, o menor teor de proteína na semente (20,50%) foi registado na parcela de controlo. A magnitude do aumento no conteúdo de proteína da semente com os tratamentos F6 (aplicação no solo de ZnSO4 @ 25 kg ha^{-1} + 0.5% ZnSO4 pulverização foliar) e F5 (aplicação no solo de ZnSO4 @ 25 kg ha^{-1}) foi de 11.65 e 8.63 por cento, respetivamente, sobre o controlo sem biofortificação de zinco (20.50%).

(C) Interação

É evidente a partir dos dados apresentados no Quadro 4.14 que o efeito de interação entre as variedades de grão-de-bico e a aplicação de tratamentos de biofortificação com zinco, quer através de sementes ou solo ou pulverização foliar, foi considerado não significativo no teor de proteínas nas sementes de grão-de-bico.

4.4.2 Rendimento proteico

Os dados sobre o rendimento proteico são apresentados no Quadro 4.15, representados graficamente na Fig. 4.9 e a sua análise de variância é dada no Apêndice-VI.

(A) Efeito das variedades

Os dados sobre o rendimento proteico são apresentados no Quadro 4.15 e revelam que as diferentes variedades de grão-de-bico tiveram um efeito significativo no rendimento proteico do grão-de-bico. Os dados indicam que ambas as variedades de grão-de-bico diferem significativamente uma da outra no que respeita ao registo do rendimento proteico. Significativamente, o maior rendimento proteico (455 kg ha^{-1}) foi registado na variedade GJG 3 em comparação com a variedade GG 1 (412 kg ha^{-1}).

(B) Efeito da biofortificação com zinco

É explícito a partir dos dados apresentados no Quadro 4.15 que a biofortificação de zinco através da aplicação no solo de ZnSO4 @ 25 kg ha^{-1} + 0,5% ZnSO4 pulverização foliar (F6) registou significativamente o maior rendimento de proteínas (523 kg ha^{-1}), que manteve a equivalência estatística com o tratamento F5 (aplicação no solo de ZnSO4 @ 25 kg ha^{-1}). Significativamente, o rendimento proteico mais baixo (361 kg ha^{-1}) foi registado na parcela de controlo. **(C) Interação**

É evidente a partir dos dados apresentados no Quadro 4.15 que o efeito de interação entre as variedades de grão-de-bico e a aplicação de tratamentos de biofortificação com zinco, quer através de sementes ou solo ou pulverização foliar, foi considerado não significativo no rendimento proteico do grão-de-bico.

Tabela-4.14: Efeito da biofortificação com Zn no teor de proteínas em sementes de grão-de-bico

Tratamentos	Teor de proteínas nas sementes (%)
Variedades (V)	
v1: GG 1	21.52
v2: GJG 3	21.91
S.Em.±	0.18

C.D. a 5%	NS

Níveis de fertilizantes (F)

F1: Controlo	20.50
F2: Tratamento de sementes ZnSO4 @ 3 g kg^{-1} seed	21.01
F3: 0,5% ZnSO4 em pulverização foliar	21.84
F4: Tratamento de sementes ZnSO4 @ 3 g kg^{-1} sementes + 0,5% ZnSO4 foliar pulverização	21.77
F5: Aplicação no solo de ZnSO4 @ 25 kg ha^{-1}	22.27
F6: Aplicação no solo de ZnSO4 @ 25 kg ha^{-1} + 0,5% ZnSO4 foliar pulverização	22.89
S.Em.±	0.31
C.D. a 5%	0.90

Interação (V×F)

S.Em.±	0.44
C.D. a 5%	NS
C.V.%	3.48

Tabela-4.15: Efeito da biofortificação com Zn no rendimento proteico do grão-de-bico

Tratamentos	Rendimento proteico (kg ha^{-1})
Variedades (V)	
V1: GG 1	412
V2: GJG 3	455
S.Em.±	11
C.D. a 5%	33.58
Níveis de fertilizantes (F)	
F1: Controlo	361
F2: Tratamento de sementes ZnSO4 @ 3 g kg^{-1} seed	397
F3: 0,5% ZnSO4 em pulverização foliar	414
F4: Tratamento de sementes ZnSO4 @ 3 g kg^{-1} sementes + 0,5% ZnSO4 foliar pulverização	431
F5: Aplicação no solo de ZnSO4 @ 25 kg ha^{-1}	474
F6: Aplicação no solo de ZnSO4 @ 25 kg ha^{-1} + 0,5% ZnSO4 foliar pulverização	523
S.Em.±	20
C.D. a 5%	58.17
Interação (V×F)	
S.Em.±	28
C.D. a 5%	NS
C.V.%	11.21

4.5 TEOR E ABSORÇÃO DE NUTRIENTES

4.5.1 Teor de zinco nas sementes e na palha

Os dados sobre o teor de zinco nas sementes e na palha são apresentados no Quadro 4.16, representados graficamente na Fig. 4.10 e a sua análise de variância é fornecida no Apêndice VII.

(A) Efeito das variedades

Os dados apresentados no quadro 4.16 mostram que as diferentes variedades de grão-de-bico têm um efeito significativo no teor de zinco nas sementes e na palha do grão-de-bico. Entre as variedades de grão-de-bico, a GJG 3 registou o maior teor de zinco na semente (32,76 ppm) e na palha (32,59 ppm), que é estatisticamente superior à variedade GG 1. A variedade de grão-de-bico GJG 3 registou um teor de zinco com uma magnitude de superioridade de 4,33 e 17,35 por cento na semente e na palha, respetivamente, em relação à variedade GG 1. Os dados revelaram que, no que diz respeito à biofortificação de zinco na semente através de interações agronómicas, a magnitude do aumento do teor de zinco na semente foi analisada ao nível de 125,08 e 104,11 por cento na variedade GG 1 e GJG 3 em relação aos seus valores iniciais de teor de zinco (13,95 e 16,05 ppm), respetivamente (Quadro 4.16).

(B) Efeito da biofortificação com zinco:

Um olhar sobre os dados (Tabela 4.16) revelou que os diferentes tratamentos fortificados com zinco aumentaram significativamente o teor de zinco tanto na semente como na palha do grão-de-bico. Significativamente, os valores mais elevados do teor de zinco na semente (45,98 ppm) e na palha (37,51 ppm) foram registados com o tratamento F6 (aplicação no solo de ZnSO4 @ 25 kg ha^{-1} + 0,5% ZnSO4 pulverização foliar) em relação aos restantes tratamentos. No entanto, no caso do teor de zinco na palha, este permaneceu estatisticamente igual ao da aplicação no solo de ZnSO4 @ 25 kg ha^{-1} (F5). Os outros tratamentos de fortificação com zinco, nos quais o zinco foi aplicado através de tratamento de sementes ou pulverização foliar ou ambos, aumentaram significativamente o teor de zinco nas sementes e na palha em relação ao controlo. Os dados indicaram claramente que a biofortificação de Zn através do solo ou do solo mais aplicação foliar nas fases de floração e enchimento de vagens teve uma influência positiva no conteúdo de Zn na semente e na palha do grão-de-bico.

(C) Interação

Uma análise dos dados (Quadro 4.16) revelou que o efeito de interação entre as variedades e os tratamentos de fortificação com zinco foi considerado não significativo no caso do teor de zinco na semente e na palha do grão-de-bico.

4.5.2 Absorção de zinco por sementes e palha

Os dados sobre a absorção de zinco pela semente e pela palha são apresentados no Quadro 4.17, representados graficamente na Figura 4.11 e a sua análise de variância é fornecida no Apêndice-VII.

(A) Efeito das variedades

Os dados apresentados no quadro 4.17 revelam que as diferentes variedades de grão-de-bico tiveram uma influência significativa na absorção de zinco pelas sementes e pela palha. Entre as duas variedades, a GJG 3 registou a maior absorção de zinco na semente (69,40 g ha^{-1}) e na palha (111,29 g ha^{-1}), que é estatisticamente superior à variedade GG 1. A variedade de grão-de-bico GJG 3 registou uma maior absorção de zinco com uma magnitude de superioridade de 12,75 e 28,49 por cento na semente e na palha, respetivamente, em relação à GG 1.

(B) Efeito da biofortificação com zinco:

Os dados apresentados no Quadro 4.17, relativos à absorção de zinco na semente e na palha, revelam que os tratamentos fortificados com zinco influenciaram significativamente a absorção de zinco na semente e na palha, em comparação com a não fortificação com zinco. Os dados indicam claramente que a biofortificação de Zn, quer através da semente ou do solo, quer através da aplicação foliar nas fases de floração e enchimento das vagens, teve uma influência positiva na absorção de Zn pela semente e palha do grão-de-bico.

Os valores mais elevados de absorção de zinco na semente (104,87 g ha^{-1}) e na palha (133,35 g ha^{-1}) foram registados no tratamento aplicação no solo de ZnSO4 @ 25 kg ha^{-1} + 0,5% ZnSO4 pulverização foliar (F6). No caso da palha, o tratamento F6 (aplicação no solo de ZnSO4 @ 25 kg ha^{-1} + 0,5% ZnSO4 pulverização foliar) registou significativamente a maior absorção de zinco, que estatisticamente permaneceu na mesma barra com a submissão de zinco através da aplicação no solo de ZnSO4 @ 25 kg ha^{-1} (F5).

A magnitude do aumento da absorção de zinco pela semente e palha com os tratamentos F6 (aplicação no solo de ZnSO4 @ 25 kg ha^{-1} + 0,5% ZnSO4 pulverização foliar) foi de 244,51 e 116,47 por cento, respetivamente, sobre o tratamento sem biofortificação de zinco (Controlo).

(C) Interação

Uma análise dos dados (Quadro 4.17) revelou que o efeito de interação entre as variedades de grão-de-bico e os tratamentos de fortificação com zinco foi considerado não significativo no caso da absorção de zinco pelas sementes e palha de grão-de-bico.

4.6 NUTRIENTES DISPONÍVEIS NO SOLO

4.6.1 Azoto disponível no solo

Os dados relativos ao estado do azoto disponível no solo após a colheita da cultura são apresentados no Quadro 4.18 e a sua análise de variância é fornecida no Apêndice VIII.

(A) Efeito das variedades

Os dados apresentados no Quadro 4.18 revelaram que as diferentes variedades de grão-de-bico tiveram um efeito não significativo no que diz respeito ao azoto disponível no solo após a colheita da cultura. **(B) Efeito da biofortificação com zinco**

O exame minucioso dos dados sobre o azoto disponível no solo (Quadro 4.18) revelou que a aplicação de diferentes tratamentos de fortificação com zinco, quer através da semente ou do solo, quer através de pulverização foliar, não teve qualquer efeito significativo no estado do azoto disponível no solo após a colheita da cultura.

(C) Interação

Os dados apresentados no Quadro 4.18 informam que o efeito de interação entre as diferentes variedades de grão-de-bico e os vários tratamentos de fortificação com zinco não foi significativo no caso do estado do azoto disponível no solo após a colheita da cultura.

Tabela-4.16: Efeito da biofortificação com Zn no teor de zinco em sementes e palha de grão-de-bico

Tratamentos (ppm)	Teor de zinco	
Palha de sementes		
Variedades (V)	31.40	27.77
v1: GG 1	(13.95)	
v2: GJG 3	32.76	32.59
	(16.05)	
S.Em.±	0.23	0.40
C.D. a 5%	0.68	1.17

Níveis de fertilizantes (F)

F1: Controlo	17.25	21.17
F2: Tratamento de sementes ZnSO4 @ 3 g kg^{-1} seed	23.36	25.29
F3: 0,5% ZnSO4 em pulverização foliar	31.98	28.88
F4: Tratamento de sementes ZnSO4 @ 3 g kg^{-1} sementes + 0,5% ZnSO4 pulverização foliar	34.25	31.86
F5: Aplicação no solo de ZnSO4 @ 25 kg ha^{-1}	39.56	36.40
F6: Aplicação no solo de ZnSO4 @ 25 kg ha^{-1} + pulverização foliar de 0,5% de ZnSO4	45.98	37.51
S.Em.±	0.40	0.69
C.D. a 5%	1.18	2.03
Interação (V×F)		
S.Em.±	0.57	0.98
C.D. a 5%	NS	NS
C.V.%	3.07	5.62

Nota: Os valores entre parêntesis são os valores iniciais do teor de zinco nas sementes.

Tabela-4.17: Efeito da biofortificação com Zn na absorção de zinco por sementes e palha de grão-de-bico

Tratamentos	Absorção de zinco (g ha)$^{-1}$	
	Semente	Palha
Variedades (V)		
v1: GG 1	61.55	86.61
v2: GJG 3	69.40	111.29
S.Em.±	1.93	2.47
C.D. a 5%	5.66	7.25
Níveis de fertilizantes (F)		
F1: Controlo	30.44	61.60
F2: Tratamento de sementes ZnSO4 @ 3 g kg^{-1} seed	44.48	79.93
F3: 0,5% ZnSO4 em pulverização foliar	60.64	93.71
F4: Tratamento de sementes ZnSO4 @ 3 g kg^{-1} sementes + 0,5% Pulverização foliar de ZnSO4	68.17	102.21
F5: Aplicação no solo de ZnSO4 @ 25 kg ha^{-1}	84.28	122.91
F6: Aplicação no solo de ZnSO4 @ 25 kg ha^{-1} + pulverização foliar de 0,5% de ZnSO4	104.87	133.35
S.Em.±	3.35	4.28
C.D. a 5%	9.81	12.56
Interação (V×F)		
S.Em.±	4.73	6.05
C.D. a 5%	NS	NS
C.V.%	12.51	10.60

4.6.2 Fósforo disponível no solo

Os dados sobre o fósforo disponível no solo após a colheita da cultura são apresentados no Quadro 4.19, representados graficamente na Fig. 4.12 e a sua análise de variância é apresentada no Apêndice VIII.

(A) Efeito das variedades

Um exame dos dados (Quadro 4.19) indicou que as diferentes variedades de grão-de-bico tiveram um efeito não significativo no que respeita ao fósforo disponível no solo.

(B) Efeito da biofortificação com zinco

Uma leitura dos dados (Quadro 4.19) indicou que os tratamentos de fortificação com zinco influenciaram significativamente o estado do fósforo disponível no solo após a colheita da cultura.

Significativamente, o maior fósforo disponível no solo (30,85 kg ha^{-1}) foi analisado sob o tratamento F3 (0,5% ZnSO4 pulverização foliar) sobre o resto dos tratamentos. Significativamente, o fósforo disponível no solo mais baixo (28,40 kg ha^{-1}) foi documentado no tratamento F6 (aplicação no solo de ZnSO4 @ 25 kg ha^{-1} + 0,5% de pulverização foliar de ZnSO4).

(C) Interação

É evidente a partir dos dados apresentados no Quadro 4.19 que o efeito de interação entre as variedades de grão-de-bico e a aplicação de tratamentos de biofortificação de zinco, quer através de sementes ou solo ou pulverização foliar, foi considerado não significativo no estado do fósforo disponível no solo após a colheita da cultura.

Tabela-4.18: Efeito da biofortificação com Zn no estado do azoto disponível no solo após a colheita da cultura

Tratamentos	Disponível N (kg ha^{-1})
Variedades (V)	
v1: GG 1	241.94
v2: GJG 3	245.75
S.Em.±	3.71
C.D. a 5%	NS
Níveis de fertilizantes (F)	
F1: Controlo	241.35
F2: Tratamento de sementes ZnSO4 @ 3 g kg^{-1} seed	243.62
F3: 0,5% ZnSO4 em pulverização foliar	243.03
F4: Tratamento de sementes ZnSO4 @ 3 g kg^{-1} sementes +0,5% ZnSO4 pulverização foliar	243.56
F5: Aplicação no solo de ZnSO4 @ 25 kg ha^{-1}	245.11
F6: Aplicação no solo de ZnSO4 @ 25 kg ha^{-1} + pulverização foliar de 0,5% de ZnSO4	246.31
S.Em.±	6.42
C.D. a 5%	NS
Interação (V×F)	
S.Em.±	9.08
C.D. a 5%	NS
C.V.%	6.45
Inicial	245.89

4.6.3 Potássio disponível no solo

Os dados sobre o potássio disponível no solo após a colheita da cultura são apresentados em

O quadro 4.20 e a respectiva análise de variância são apresentados no Apêndice VIII.

(A) Efeito das variedades

Os dados apresentados no Quadro 4.20 revelam que as diferentes variedades de grão-de-bico tiveram um efeito não significativo no que respeita ao potássio disponível no solo após a colheita da cultura.

Tabela-4.19: Efeito da biofortificação com Zn no estado do fósforo disponível no solo após a colheita da cultura

Tratamentos	P2O5 disponível (kg ha⁻1)
Variedades (V)	
v₁: GG 1	30.21
v₂: GJG 3	29.31
S.Em.±	0.40
C.D. a 5%	NS
Níveis de fertilizantes (F)	
F₁: Controlo	30.81
F₂: Tratamento de sementes ZnSO4 @ 3 g kg⁻¹ seed	30.06
F₃: 0,5% ZnSO4 em pulverização foliar	30.85
F₄: Tratamento de sementes ZnSO4 @ 3 g kg⁻¹ sementes +0,5% ZnSO4 pulverização foliar	30.21
F₅: Aplicação no solo de ZnSO4 @ 25 kg ha⁻¹	28.27
F₆: Aplicação no solo de ZnSO4 @ 25 kg ha⁻¹ + pulverização foliar de 0,5% de ZnSO4	28.40
S.Em.±	0.69
C.D. a 5%	2.03
Interação (V×F)	
S.Em.±	0.98
C.D. a 5%	NS
C.V.%	5.70
Inicial	35.11

(B) Efeito da biofortificação com zinco

Os dados apresentados no Quadro 4.20, relativos ao potássio disponível no solo após a colheita da cultura, revelam que o estado do k2o disponível no solo não foi influenciado pelos tratamentos com ou sem fortificação com zinco aplicados à cultura do grão-de-bico.

(C) Interação

Um olhar atento aos dados (Quadro 4.20) relativos ao efeito de interação entre diferentes variedades de grão-de-bico e tratamentos de fortificação com zinco sobre o potássio disponível no solo após a colheita da cultura foi considerado não significativo.

4.6.4 Carbono orgânico no solo

Os dados relativos ao carbono orgânico do solo após a colheita da cultura do grão-de-bico são apresentados no quadro 4.21 e a sua análise de variância é apresentada no apêndice VIII.

(A) Efeito das variedades

O escrutínio dos dados informou que as diferentes variedades de grão-de-bico não causaram diferenças estatísticas no teor de carbono orgânico do solo após a colheita da cultura (Quadro

4.21).

(B) Efeito da biofortificação com zinco

O escrutínio dos dados informou que a aplicação de diferentes tratamentos de fortificação com zinco não causou consequências significativas no teor de carbono orgânico no solo após a colheita da cultura do grão-de-bico (Quadro 4.21).

(C) Interação

Os dados (Quadro 4.21) informam que o efeito de interação entre as diferentes variedades de grão-de-bico e os vários tratamentos de fortificação com zinco foi considerado não significativo no caso do estado do carbono orgânico do solo após a colheita da cultura.

4.6.5 Teor de zinco disponível no solo

Os dados sobre o teor de zinco no solo analisados após a colheita são apresentados no Quadro 4.22, graficamente mostrados na Fig. 4.13 e a sua análise de variância é apresentada no Apêndice-VIII.

(A) Efeito das variedades

O escrutínio dos dados informou que as diferentes variedades de grão-de-bico não causaram diferenças estatísticas no teor de zinco no solo após a colheita da cultura do grão-de-bico (Quadro 4.22).

(B) Efeito da biofortificação com zinco

Um olhar sobre os dados (Tabela 4.22) indicou que a aplicação de diferentes tratamentos de biofortificação de zinco, quer através de sementes ou solo ou pulverização foliar nas fases de floração e enchimento de vagens, exerceu a sua influência significativa sobre o teor de zinco no solo após a colheita da cultura. Entre os tratamentos de fortificação, a submissão de zinco através da aplicação no solo de ZnSO4 @ 25 kg ha^{-1} + 0,5% ZnSO4 pulverização foliar (F6) registou significativamente o maior teor de zinco no solo (0,89 mg kg^{-1}), que estabeleceu igualdade estatística com o tratamento F5 (aplicação no solo de ZnSO4 @ 25 kg ha^{-1}). Significativamente, o teor mais baixo de zinco no solo após a colheita da cultura (0,59 mg kg^{-1}) foi analisado com a parcela de controlo (F1), que foi 19,18 por cento inferior ao seu estado inicial (0,73 mg kg^{-1}).

(C) Interação

Os dados apresentados no Quadro 4.22 revelaram que o efeito de interação entre as diferentes variedades de grão-de-bico e os tratamentos de fortificação com zinco foi considerado não significativo no que diz respeito ao teor de zinco no solo após a colheita da cultura.

4.7 Economia

Os dados da tabela de duas vias sobre a economia do cultivo do grão-de-bico, indicando a realização bruta, o custo do cultivo, o retorno líquido e a relação benefício: custo sob diferentes variedades de grão-de-bico e tratamentos de biofortificação de zinco são apresentados na Tabela 4.23. Os dados também são ilustrados graficamente na Fig. 4.14. Os outros detalhes também são dados nos Apêndices IX a XIII.

4.7.1 Rendimentos brutos

Para calcular os rendimentos brutos, foram considerados os rendimentos de sementes e palha e os seus preços de mercado para o ano experimental, que são apresentados no Quadro 4.23 e os preços dos produtos vendidos com os pormenores necessários são apresentados no Apêndice-XIII.

(A) Efeito das variedades

Uma leitura dos dados apresentados no quadro 4.23 revelou que a variedade de grão-de-bico

GJG 3 produziu um rendimento bruto elevado (? 97 456 ha⁻ 1) em relação à variedade GG 1 (? 89 673 ha^{-1}), que foi 8,67 por cento superior à variedade GG 1.

(B) Efeito da biofortificação com zinco

Uma avaliação dos dados (Quadro 4.23) revelou que os rendimentos brutos aumentaram com diferentes tratamentos de fortificação com zinco em relação ao controlo no grão-de-bico. Entre os diferentes tratamentos de fortificação com zinco, a aplicação no solo de ZnSO4 @ 25 kg ha^{-1} + 0,5% de ZnSO4 em pulverização foliar (Fe) obteve um retorno bruto máximo de ? 1,07,521 ha$^{-1,}$, que foi notavelmente maior em 30,02 por cento do que a não aplicação de tratamentos de fortificação com zinco ao grão-de-bico (Controlo).

4.7.2 Rendimentos líquidos

Os dados sobre os rendimentos líquidos apresentados no Quadro 4.23, representados graficamente na Figura 4.14 e a sua análise de variância são apresentados no Apêndice-XIII.

(A) Efeito das variedades

Um resumo dos dados (Tabela 4.23) indicou que a variedade de grão-de-bico GJG 3 produziu maior retorno líquido (t 62.508 ha⁻ 1) sobre a variedade GG 1. A magnitude do aumento no retorno líquido com a variedade GJG 3 foi 14,22% superior à variedade GG 1. **(B) Efeito da biofortificação com zinco**

Os dados relativos ao retorno líquido apresentados no Quadro 4.23 revelam que o retorno líquido máximo (t 70.322 ha^{-1}) foi obtido com o tratamento F6 (aplicação no solo de ZnSO4 @ 25 kg ha^{-1} + 0,5% ZnSO4 pulverização foliar), que foi seguido de perto pelo tratamento F5 (aplicação no solo de ZnSO4 @ 25 kg ha^{-1}). No entanto, o retorno líquido mínimo (t 49,135 ha^{-1}) foi alcançado com a parcela de controlo.

4.7.3 Rácio benefício/custo

Os dados relativos ao rácio B:C são apresentados na Tabela 4.23, representados graficamente na Fig 4.14 e a sua análise de variância é dada no Apêndice-XIII.

(A) Efeito das variedades

Os dados apresentados no Quadro 4.23 revelaram que a variedade de grão-de-bico GJG 3 apresentou um rácio B:C mais elevado (2,78) do que a variedade GG 1 (2,56).

(B) Efeito da biofortificação com zinco

Entre os diferentes tratamentos de biofortificação de zinco aplicados através de sementes ou solo ou pulverização foliar nas fases de floração e enchimento de vagens, a maior relação B:C de 2,89 foi obtida no tratamento F6 (aplicação no solo de ZnSO4 @ 25 kg ha^{-1} + 0,5% ZnSO4 pulverização foliar). Considerando que, o tratamento Fı (sem biofortificação com zinco) deu menor relação B: C de 2,46 (Tabela 4.23).

4.8 ESTUDOS DE CORRELAÇÃO E REGRESSÃO

Foi estudada a relação entre o rendimento de sementes de grão-de-bico e outros atributos importantes de crescimento e rendimento e a absorção de Zn pela cultura, influenciada por diferentes tratamentos. Os dados sobre o coeficiente de correlação (r), o coeficiente de determinação (r^2), o coeficiente de regressão (*b*) e *a* interceção (*a*) são apresentados no Quadro 4.24.

Os resultados do estudo revelaram que o número de nódulos radiculares por planta aos 55 DAS, a produção de matéria seca aos 30 DAS, 60 DAS e na colheita, o número de ramos por planta, o número de vagens por planta, o peso de 100 sementes e a produção de palha, a produção de proteínas e a absorção de Zn pela cultura apresentaram uma correlação positiva e significativa com a produção de sementes de grão-de-bico. Por outro lado, os parâmetros de crescimento altura da planta e dias até 50% de floração apresentaram uma relação negativa e significativa com a produção de sementes de grão-de-bico.

A correlação entre a produção de sementes de grão-de-bico e a produção de proteínas na colheita foi a mais alta (0,993**), seguida pela absorção de zinco pela palha (0,932**), produção de matéria seca aos 30 DAS (0,887**), produção de matéria seca aos 60 DAS (0,882**), número de ramos por planta (0,877**), produção de palha (0,872**), produção de matéria seca na colheita (0.858**), absorção de zinco pela semente (0.833**), número de nódulos radiculares por planta aos 55 dias de crescimento da cultura (0.829**), vagens por planta (0.689**) e peso de 100 sementes (0.445*) que atribuíram correspondentemente 98.53, 86.87, 78.66, 77.88, 76.97, 76.11, 73.67, 82.17, 69.37, 68.85, 47.54 e 19.84 por cento de variação no rendimento da semente de grão-de-bico.

Por outro lado, a correlação negativa entre a produção de sementes e a altura da planta e os dias até 50% de floração foi de (-0,865**), o que atribuiu 74,77% de desvio na produção de sementes de grão-de-bico.

Tabela-4.20: Efeito da biofortificação com Zn no estado do potássio disponível no solo após a colheita da cultura

Tratamentos	K2O disponível (kg ha⁻1)
Variedades (V)	
v1: GG 1	
v2: GJG 3	
S.Em.±	
C.D. a 5%	245.01
Níveis de fertilizantes (F)	237,68 3,85 NS
F1: Controlo	244.14 232.60
F2: Tratamento de sementes ZnSO4 @ 3 g kg⁻¹ seed	229.55
F3: 0,5% ZnSO4 em pulverização foliar	245.16
F4: Tratamento de sementes ZnSO4 @ 3 g kg⁻¹ sementes +0,5%	249.74
ZnSO4 pulverização foliar	246.89
F5: Aplicação no solo de ZnSO4 @ 25 kg ha⁻¹	6.66
F6: Aplicação no solo de ZnSO4 @ 25 kg ha⁻¹ + pulverização foliar de 0,5% de ZnSO4	NS
S.Em.±	
C.D. a 5%	
Interação (V×F)	
S.Em.±	
C.D. a 5%	
C.V.%	9,42 NS 6,76
Inicial	270.70

Tabela-4.21: Efeito da biofortificação com Zn no carbono orgânico do solo após a colheita da cultura

	OanaCarvão *orgânico*
Tretas	(%)
Variedades (V)	
v1: GG	10.42

v2: GJG   30.45
S.Em.±0   ,01
C.D. em   5%NS
Níveis de fertilizantes (F)
F1: Controlo0   .45
F2: Tratamento de   sementesZnSO4 @ 3 g kg^{-1} seed0   .40
F3: 0,5% ZnSO4 em pulverização foliar0   ,41
F4: Tratamento de sementes ZnSO4 @ 3 g kg^{-1} sementes + 0,5% ZnSO4 foliar   044

.

pulverização
F5: Aplicação no solo de ZnSO4 @ 25 kg ha^{-1} 0.45
F6: Aplicação no solo de ZnSO4 @ 25 kg ha^{-1} + 0,5% ZnSO4 foliar   4

.

pulverização
S.Em.±0   ,01
C.D. em   5%NS
Interação (V×F)
S.Em.±0   ,02
C.D. em   5%NS
<u>C.V.% 8.07</u>
Inicial0   ,42

Tabela-4.22: Efeito da biofortificação com Zn no teor de Zn do solo após a colheita da cultura

Tratamentos	Teor de zinco no solo (mg kg^{-}1)
Variedades (V)	
V1: GG 1	
V2: GJG 3	
S.Em.±	
C.D. a 5%	
Níveis de fertilizantes (F)	
F1: Controlo	0.72
F2: Tratamento de sementes ZnSO4 @ 3 g kg^{-1} seed	0.74
F3: 0,5% ZnSO4 em pulverização foliar	0,01 NS
F4: Tratamento de sementes ZnSO4 @ 3 g kg^{-1} sementes + 0,5%	0.59 0.66 0.68
ZnSO4 pulverização foliar	0.73
F5: Aplicação no solo de ZnSO4 @ 25 kg ha^{-1}	0.84
F6: Aplicação no solo de ZnSO4 @ 25 kg ha^{-1} + pulverização	0.89
foliar de 0,5% de ZnSO4	0.02
S.Em.±	0.06
C.D. a 5%	0.03
Interação (V×F)	NS
S.Em.±	7.24

C.D. a 5%	
C.V.%	
Inicial	0.73

Tabela-4.23: Efeito de diferentes tratamentos de biofortificação com Zn na economia do cultivo de grão-de-bico

Tratamentos		Rendimento bruto (? ha)^1	Custo de cultivo (? ha)^1	Rendimento líquido (? ha)^1	Rácio B:C
Variedades (V)					
Vi: GG 1		89673	34948	54725	2.56
N^o GJG 3		97456	34948	62508	2.78
Níveis de fertilizantes (F)					
Fι: Controlo		82691	33556	49135	2.46
F2: Tratamento de sementes ZnSO4 @	3 g kg$^{\wedge 1}$ seed	88649	33805	54844	2.62
F3: 0,5% ZnSO4 em pulverização foliar		89079	34147	54932	2.61
F4: Tratamento de sementes ZnSO4 @	3 g kg$^{\wedge 1}$ semente + 0,5% ZnSO4 pulverização foliar	93389	34375	59014	2.72
Fs: Aplicação no solo de ZnSO4 (£	l ≻ 25 kg ha$^{\wedge 1}$	100060	36606	63454	2.73
Fe: Aplicação no solo ZnSO4 (£	i), 25 kg ha$^{\wedge 1}$ + 0,5% ZnSO4 pulverização foliar	107521	37199	70322	2.89

Quadro-4.24: Interceção (a), coeficiente de regressão (b), coeficiente de correlação (r) e coeficiente de determinação (R^2) do rendimento de sementes de grão-de-bico (variável dependente Y) com atributos individuais de crescimento e rendimento, e absorção de nutrientes pela cultura (variáveis independentes xi)

xi	Variável independente (X)	a	b	r	$100\,R^2$
$x1$	Altura da planta (cm)	-790	-97.87	-**0.865****	74.77
$x2$	Nódulos radiculares por planta aos 55 DAS	-1360	185.92	**0.829****	68.85
$x3$	Produção de matéria seca aos 30 DAS (g planta)$^{-1}$	725	518.70	**0.887****	78.66
$x4$	Produção de matéria seca aos 60 DAS (g planta)$^{-1}$	758	89.63	**0.882****	77.88
$x5$	Produção de matéria seca na colheita (g planta)$^{-1}$	1089	33.88	**0.858****	73.67
$x6$	Dias até 50% de floração	6539	-97.88	-**0.865****	74.77
$x7$	Ramos por planta	-215	284.30	**0.877****	76.97
$x8$	Vagens por planta	1255	16.74	**0.689****	47.54

X9	Peso de 100 sementes (g)	1383	29.72	0.445	19.84
X10	Rendimento da palha (kg ha $)^{-1}$	-142	0.66	**0.872****	76.11
X11	Absorção de Zn pelas sementes (g ha $)^{-1}$	1488	5.73	**0.833****	69.37
X12	Absorção de Zn pela palha (g ha $)^{-1}$	1338	6.59	**0.932****	86.87
X13	Rendimento proteico (kg ha $)^{-1}$	531	3.36	**0.993****	98.53

*Significativo a um nível de significância de 5 % (valor do quadro a um nível de 5 % = 0,497)

****Significativo** ao nível de 1 % de significância (Valor do quadro ao nível de 1 % = 0,658)

CAPÍTULO V

DISCUSSÃO

Foram registadas muitas variações significativas entre os diferentes tratamentos durante a apresentação dos resultados da experiência intitulada "Biofortificação de zinco em variedades de grão-de-bico (*Cicer arietinum* L.) através de sementes, solo e aplicação foliar" no capítulo anterior. Neste capítulo, pretende-se discutir as variações observadas no crescimento, atributos de rendimento e rendimento, qualidade, concentração de nutrientes e absorção de nutrientes pela cultura e estado dos nutrientes disponíveis no solo após a colheita do grão-de-bico sob a influência da biofortificação com zinco. Também foi tentado estabelecer uma relação de "causa e efeito" com base na presente investigação, devidamente apoiada por evidências disponíveis e descobertas relevantes.

As condições climatéricas durante a época *rabi* de 2017-18 (Quadro 3.1 e Fig. 3.1) foram favoráveis ao crescimento e desenvolvimento normais do grão-de-bico. Como resultado, o crescimento da cultura do grão-de-bico foi normal. A infestação de insectos-praga e doenças foi controlada atempadamente durante o período de cultivo. O estande inicial e final das plantas também foi uniforme (quadros 4.1 e 4.2). Como resultado, o crescimento da cultura do grão-de-bico foi normal e, portanto, quaisquer variações observadas no presente estudo foram atribuídas a vários tratamentos utilizados na investigação. Os resultados obtidos no estudo são discutidos nos pontos seguintes.

5.1 Condições do solo e climatéricas

5.2 Efeito das variedades

5.3 Efeito da biofortificação com zinco

5.4 Economia

5.1 Condições do solo e do clima

Na agricultura, a resposta das culturas é largamente regida pelo solo, pela humidade e por certos parâmetros meteorológicos durante o período de crescimento e desenvolvimento das culturas.

A experiência foi conduzida num solo de textura argilosa, com um teor médio de carbono orgânico (0,42%) e uma reação ligeiramente alcalina com pH 7,60 e CE 0,52 dS m^{-1} . O solo experimental era pobre em azoto disponível (245,89 kg ha^{-1}), médio em fósforo disponível (35,11 kg ha^{-1}), médio em potássio disponível (270,70 kg ha^{-1}) e médio em zinco disponível (0,73 mg kg^{-1}) durante a estação *rabi* de 2017-18 (Quadro 3.2).

Os dados meteorológicos apresentados no Quadro 3.1 e na Fig. 3.1 revelaram que todos os parâmetros meteorológicos, como a temperatura, a humidade relativa, o brilho do sol, a velocidade do vento e a evaporação, foram bastante favoráveis ao crescimento e desenvolvimento satisfatórios da cultura do grão-de-bico durante a estação *rabi* do ano 2017-18. Consequentemente, não houve qualquer efeito adverso dos dados meteorológicos no crescimento e desenvolvimento da cultura do grão-de-bico.

A população de plantas é um dos factores mais importantes na produção de culturas. A população de plantas deve ser mantida a um nível ótimo para se obter um rendimento ótimo. Os dados (Quadro 4.1 e Quadro 4.2) revelaram que a população inicial e final de plantas não foi significativamente influenciada pelos diferentes tratamentos impostos ao grão-de-bico. Isto indica que não houve qualquer efeito adverso das diferentes variedades e tratamentos de fortificação com zinco na germinação (população inicial de plantas), bem como no

estabelecimento e sobrevivência (população final de plantas) da cultura.
5.2 Efeito das variedades
5.2.1 Parâmetros de crescimento
No presente estudo, o crescimento de ambas as variedades de grão-de-bico em termos de altura da planta (Quadro 4.3 e Fig. 4.1), número de ramos por planta (Quadro 4.4 e Fig. 4.2), dias até 50 % de floração (Quadro 4.5 e Fig. 4.3), número de nódulos radiculares por planta aos 55 DAS (Quadro 4.6), e produção de matéria seca aos 30 DAS, 60 DAS e na colheita (Quadro 4.7 e Fig. 4.4) revelaram que as caraterísticas de crescimento das variedades de grão-de-bico mostraram uma melhoria pronunciada em todos os intervalos periódicos com a aplicação de tratamentos de fortificação com zinco. As variedades de grão-de-bico não tiveram efeito significativo nos parâmetros de crescimento. No entanto, entre as variedades de grão-de-bico, a variedade GJG 3 registou valores numericamente mais elevados de altura da planta e produção de matéria seca em relação à GG 1. As variações em relação à altura da planta e produção de matéria seca e outros parâmetros de crescimento podem ser devidas à composição genética diferencial da variedade individual. Um crescimento melhorado e uma maior porção de matéria seca nas fases iniciais em direção às sementes e uma maior capacidade de absorção de numerosos metabolitos podem ter sido necessários para um melhor rendimento. Os resultados estão em colaboração com os relatados por Tripathi *et al.* (2012).
5.2.2 Atributos de rendimento e rendimento
Uma avaliação dos dados sobre os atributos de rendimento do grão-de-bico viz, produção de matéria seca por planta aos 30 DAS (Quadro 4.7 e Fig. 4.4), número de vagens por planta (Quadro 4.8 e Fig. 4.5), peso de 100 sementes (Quadro 4.9 e Fig. 4.6), rendimento de sementes (Quadro 4.10 e Fig. 4.7), rendimento de palha (Quadro 4.11 e Fig. 4.7) e rendimento biológico (Quadro 4.12 e Fig. 4.7) revelou que, até certo ponto, as variedades tiveram influência significativa nos atributos de rendimento e no rendimento do grão-de-bico.

Entre os diferentes atributos de rendimento, a variedade GJG 3 registou um número significativamente mais elevado de vagens por planta, peso de 100 sementes e rendimento de sementes e palha, na maioria dos casos, em comparação com a variedade GG 1. Devido aos atributos de rendimento melhorados, a variedade GJG 3 registou um índice de sementes (peso de 100 sementes), rendimento de sementes, rendimento de palha e rendimento biológico significativamente mais elevados do que a variedade GG 1. As diferenças nos atributos de rendimento e rendimento podem ter sido causadas por diferenças varietais. A variedade GJG 3 registou um índice de sementes significativamente mais elevado devido à ousadia das suas sementes. O melhor crescimento e a maior absorção de nutrientes pela variedade GJG 3 podem ter produzido o maior número de vagens por planta e peso e rendimento de 100 sementes. Os resultados da presente investigação corroboram fortemente as conclusões de Tripathi *et al.* (2012), que registaram diferenças significativas entre genótipos de grão-de-bico no número de vagens por planta e no peso de 100 sementes.
5.2.3 Efeito no teor de nutrientes, na absorção e na qualidade do grão-de-bico
Os nutrientes das plantas são a principal fonte para melhorar a qualidade e a quantidade de grão-de-bico. A indisponibilidade de nutrientes é um dos principais constrangimentos à produtividade das culturas e à fertilidade do solo, onde a utilização desequilibrada de nutrientes vegetais afecta marcadamente o crescimento, o desenvolvimento e o rendimento das sementes do grão-de-bico.

Um olhar sobre os dados revelou que as diferentes variedades de grão-de-bico não influenciaram significativamente o teor de proteínas nas sementes (Quadro 4.14). Isso indica que não houve efeito considerável entre as variedades de grão-de-bico no teor de proteína da semente. Por outro lado, o rendimento proteico, o teor de zinco nas sementes e na palha (Quadro 4.15, Quadro 4.16 e Fig. 4.9 e Fig. 4.10) e a absorção de zinco pelas sementes e pela palha (Quadro 4.17 e Fig. 4.11) foram significativamente influenciados pelas variedades de grão-de-bico. O rendimento proteico, o teor de zinco e a absorção na semente e na palha foram significativamente mais elevados na variedade GJG 3 do que na GG 1. No caso do teor de zinco na semente, registou-se um aumento significativo do teor de zinco na semente de 104,11 e 125,08 por cento na variedade GJG 3 e GG 1, respetivamente, em relação aos seus valores iniciais. Isto indicou uma obtenção significativa no que diz respeito à biofortificação de zinco, quer através de sementes, solo ou pulverização foliar em sementes de grão-de-bico, adoptando interações agronómicas. Isto deveu-se ao facto de a aplicação de Zn ter melhorado o rendimento e os componentes do rendimento através de vários mecanismos, por exemplo, melhora o conteúdo de clorofila e desencadeia a atividade fotossintética e a síntese de auxina, o que leva a um melhor crescimento e desenvolvimento da cultura. As diferenças no teor de zinco das sementes e da palha podem ter sido causadas por diferenças varietais e pela composição genética de cada variedade individual e pela disponibilidade de nutrientes em que uma determinada variedade leva a uma maior absorção de zinco do solo.

Estes resultados estão em estreita concordância com os relatados por Ahlawat *et al.* (2007), Rakesh e Jitendra (2014), Siddiqui *et al.* (2015) e Hidoto *et al.* (2016).

5.2.4 Efeito no estado do N, P, K, Zn e carbono orgânico disponível no solo

Uma avaliação dos dados revelou que as diferentes variedades não exerceram influência significativa no NPK, Zn e conteúdo de carbono orgânico no solo após a colheita da cultura (Quadro 4.18 a 4.22). No entanto, a absorção de zinco pelas sementes e palha de grão-de-bico foi significativamente influenciada pelas diferentes variedades. Significativamente, a maior absorção de zinco na semente e na palha foi registada na variedade GJG 3, com uma magnitude de superioridade de 12,75 e 28,49 por cento na semente e na palha, respetivamente, em relação à GG 1. Isto pode dever-se a hábitos de crescimento diferenciados da raiz e do rebento, que desencadeiam a atividade fotossintética, a produção de matéria seca e a síntese de auxinas. Os resultados estão em colaboração com os relatados por Shivay *et al.* (2014b).

5.3 EFEITO DA BIOFORTIFICAÇÃO COM ZINCO

5.3.1 Parâmetros de crescimento

No presente estudo, os diferentes tratamentos de fortificação com zinco mostraram uma melhoria significativa com os diferentes tratamentos de fortificação com zinco em relação ao controlo. Os parâmetros de crescimento *viz.*, altura da planta (Quadro 4.3 e Fig. 4.1), número de ramos por planta (Quadro 4.4 e Fig. 4.2), dias para 50% de floração (Quadro 4.5 e Fig. 4.3) e acumulação de matéria seca aos 30 DAS, 60 DAS e na colheita (Quadro 4.7 e Fig. 4.4) foram influenciados significativamente. As mudanças significativas nesses parâmetros foram registradas aos 30 dias após a semeadura em diante até a colheita com o tratamento F6 (aplicação de ZnSO4 no solo @ 25 Kg ha^{-1} + 0,5% Zn pulverização foliar), que estatisticamente permaneceu a par com o tratamento F5 (aplicação de ZnSO4 no solo @ 25 Kg ha^{-1}) na maioria dos casos, seguido pelo tratamento F4 (tratamento de sementes @ 3 g kg^{-1} de sementes + 0,5% Zn pulverização foliar).

No entanto, os valores mais baixos dos parâmetros de crescimento foram registados significativamente no tratamento F1 (Controlo).

Um olhar sobre os dados revelou que os diferentes tratamentos de fortificação com zinco tiveram influência significativa nos dias para 50% de floração. O número mínimo de dias para atingir 50% de floração foi registado com o tratamento F6 (aplicação no solo de ZnSO4 @ 25 kg ha^{-1} + 0.5% Zn pulverização foliar) seguido pelo tratamento F5 (aplicação no solo de ZnSO4 @ 25 kg ha^{-1}) e F4 (tratamento de sementes ZnSO4 @ 3 g kg^{-1} sementes + 0.5% ZnSO4 pulverização foliar). A floração de 50% foi atrasada na parcela de controlo (48,83 dias). A floração precoce do grão-de-bico foi observada com o solo mais a aplicação foliar de ZnSO4, o que pode ser devido ao facto de o zinco desempenhar um papel vital no crescimento e desenvolvimento da planta devido ao seu efeito estimulador e catalisador em vários processos fisiológicos e metabólicos da planta. Estes resultados estão em estreita conformidade com as conclusões de Sajid *et al.* (2016) e Ingle *et al.* (2016)

No que diz respeito aos parâmetros de crescimento, a superioridade da biofortificação com zinco aplicada através de tratamentos de sementes, solo ou pulverização em relação à não aplicação de zinco pode ser atribuída à melhoria das condições físicas, químicas e biológicas da planta em virtude de um melhor crescimento e melhor absorção de nutrientes. Assim, acelerou a taxa fotossintética e o fornecimento de nutrição equilibrada às plantas, que desempenham um papel fundamental no crescimento celular, diferenciação e metabolismo, o que resulta num crescimento vigoroso das plantas. O aumento da altura da planta em relação à aplicação de zinco deve-se à formação de auxina e à maior disponibilidade de zinco para as folhas da planta na porção apical da planta, o que promove a altura da planta. A maior produção de matéria seca devido à aplicação de zinco é atribuída ao crescimento vigoroso e melhorado da planta e também ao maior desenvolvimento da área foliar que ajudou na interceção efectiva da luz, levando a uma maior produção de matéria seca. A aplicação foliar de zinco aumentou a disponibilidade de nutrientes para as plantas, que são diretamente absorvidos pelas folhas das plantas e a translocação do alimento preparado por diferentes partes da planta e, consequentemente, o crescimento da planta.

Resultados semelhantes também foram relatados por Enania e Vyas (1994), Karwasra e Kumar (2007), Hadi *et al.* (2013), Jha *et al.* (2015) em blackgram, Kayan *et al.* (2015), Sajid *et al.* (2016) e Hossain *et al.* (2016).

5.3.2 Atributos de rendimento e rendimentos

Os tratamentos de fortificação com zinco tiveram influência significativa nos atributos de rendimento, ou seja, número de vagens por planta (Tabela 4.8 e Fig. 4.5), rendimento de sementes (Tabela 4.10 e Fig. 4.7), rendimento de palha (Tabela 4.11 e Fig. 4.7) e rendimento biológico (Tabela 4.12 e Fig. 4.7). Um aumento significativo nos atributos de rendimento e rendimento da cultura do grão-de-bico *viz.*, número de vagens por planta, rendimento de sementes, rendimento de palha e rendimento biológico foi registado quando a cultura foi biofortificada com zinco através da aplicação no solo de ZnSO4 @ 25 kg ha^{-1} + 0,5% ZnSO4 pulverização foliar (F6) seguido de perto pelo tratamento F5 (aplicação no solo de ZnSO4 @ 25 kg ha^{-1}) em todos os atributos de rendimento e rendimento do grão-de-bico. O rendimento da cultura é o efeito cumulativo do crescimento e dos caracteres que atribuem rendimento. O zinco está envolvido na formação de amido, substâncias promotoras de crescimento como a auxina, maturação e produção de sementes. O aumento da disponibilidade mostrou uma melhoria acentuada dos atributos de crescimento e, indiretamente, aumenta o rendimento dos grãos e da palha. A influência favorável de uma aplicação suficiente de zinco no rendimento pode também ser atribuída ao seu papel em várias reacções enzimáticas, processos de crescimento, produção de hormonas e síntese de proteínas e também na translocação de fotossintatos para as sementes. O melhor crescimento das plantas, o crescimento das raízes, o aumento da produção de matéria seca, a boa relação entre fonte e sumidouro nas vagens e a máxima absorção de nutrientes pela cultura ajudaram a planta a obter um crescimento e desenvolvimento óptimos, uma vez que os atributos de crescimento e rendimento estavam positivamente correlacionados com o rendimento das sementes de grão-de-bico, resultando evidentemente num maior rendimento das sementes nos tratamentos de fortificação com zinco acima mencionados. A aplicação de Zn não só aumentou o rendimento das sementes de grão-de-bico como também levou à fortificação dos grãos com Zn.

O tratamento F1 (controlo) registou o menor número de vagens por planta, rendimento de sementes, rendimento de palha, bem como rendimento biológico. O crescimento e o desenvolvimento deficiente da cultura sem biofortificação com zinco, devido ao fraco crescimento, fraco desenvolvimento das raízes, fraca capacidade de absorção, podem ter sido responsáveis por fracos atributos de rendimento e rendimentos do grão-de-bico. O aumento da produção de sementes com os tratamentos de biofortificação de zinco aplicados através do solo @ 25 kg ZnSO4 ha^{-1} ou pulverização foliar @ 0,5% ZnSO4 nas fases de floração e enchimento de vagens foi da ordem de 30,07 e 21,03 por cento, respetivamente, sobre os tratamentos sem biofortificação de zinco (controlo).

Os resultados da investigação estão em consonância com os de Sakal *et al.* (1998), Sharma e Abrol (2007), Kaya *et al.* (2009), Yadav *et al.* (2010), Valenciano *et al.* (2010), Pathak *et al.* (2012), Pandey *et al.* (2013), Parimala *et al.* (2013), Shivay *et al.* (2014), Kharol *et al.* (2014) em grão-de-bico e Jha *et al.* (2015) em grama-preta.

5.3.3 Efeito no teor de nutrientes, na absorção e na qualidade do grão-de-bico

Os dados apresentados no Quadro 4.14 ao Quadro 4.17 e nas Figuras 4.8 a 4.11 revelaram que os parâmetros de qualidade, *nomeadamente* o teor de proteínas na semente, o rendimento proteico, o teor de Zn na semente e na palha e a absorção de zinco pela semente e pela palha foram significativamente afectados pelos diferentes tratamentos de biofortificação com zinco aplicados ao grão-de-bico.

A qualidade do grão-de-bico em termos de conteúdo de proteína (Tabela 4.14 e Fig.4.8) revelou que valores significativamente superiores de conteúdo de proteína na semente e rendimento de proteína foram analisados quando a cultura foi biofortificada com zinco através da aplicação no solo de ZnSO4 @ 25 kg ha^{-1} + 0,5% ZnSO4 pulverização foliar (F6) sobre o controlo. O menor teor de proteína e rendimento proteico foi analisado na parcela de controlo (sem biofortificação com zinco). Isto pode ser devido ao aumento da síntese de hidratos de carbono e gordura, devido ao efeito estimulante do zinco pulverizado em várias enzimas desidrogenase, proteinase e peptidase, uma vez que o Zn é um constituinte destas enzimas, melhor absorção de N e aumento da expressão de proteínas transportadoras de Zn, resultando na translocação máxima de nutrientes da fonte para o sumidouro e a melhoria da enzima protease leva a um maior teor de proteína na semente. Estes resultados estão em estreita conformidade com as conclusões de Reddy e Ahlawat (1998), Malvi (2011), Roy *et al.* (2013) em grama verde, Kharol *et al.* (2014), Khorgamy e Farnia (2009), Cakmak *et al.* (2010) e Dadkhah *et al.* (2015).

A biofortificação do zinco na cultura do grão-de-bico através de manipulações agronómicas revelou que a submissão de zinco através da aplicação no solo (ZnSO4 @ 25 kg ha^{-1}) mais pulverização foliar (0,5% ZnSO4) melhorou significativamente o teor de zinco na semente e na palha (Quadro 4.15 e Fig. 4.9) e a absorção de zinco pela semente e palha (Quadro 4.16 e Fig. 4.10). Significativamente, os maiores valores de teor e absorção de zinco na semente e palha foram analisados quando o Zn foi aplicado através da aplicação no solo de ZnSO4 @ 25 kg ha^{-1} + 0,5% ZnSO4 pulverização foliar (F6). Os outros tratamentos de fortificação com zinco, nos quais o zinco foi aplicado através do solo ou tratamento de sementes ou pulverização foliar, aumentaram significativamente o teor de zinco e a absorção de sementes e palha em relação ao controlo. O estudo indica claramente que a fortificação de tratamentos com Zn, quer através do solo, quer através de pulverização foliar, ou ambos, teve um impacto positivo no teor de sementes e palha do grão-de-bico.

Isto pode dever-se ao facto de o Zn ter uma mobilidade moderada no floema, pelo que a sua aplicação foliar isolada ou combinada com a aplicação no solo e foliar aumenta acentuadamente o teor de zinco nas sementes e na palha do grão-de-bico. Isto pode dever-se ao facto de os níveis crescentes de zinco aumentarem a sua concentração na solução do solo, o que leva a uma maior absorção de zinco pelas plantas em solos calcários, o que resulta numa maior absorção de nutrientes pela cultura e provoca uma maior atividade metabólica e fotossintética na planta, levando a um maior rendimento e absorção de nutrientes. À medida que o teor em sementes e palha aumentava, a absorção total também aumentava com a aplicação de zinco. Estes resultados estão de acordo com os resultados anteriores de Sakal *et al.* (1980), Indulkar e Malewar (1991), Enania e Vyas (1994), Reddy e Ahlawat (1998), Haslett *et al.* *(*2001), Cakmak (2008) e Shirani *et al.* (2015) e Hidoto *et al.* (2016).

5.3.4 Efeito no estado do N, P, K, Zn e carbono orgânico disponível no solo

Uma análise dos dados (Quadro 4.18 a Quadro 4.22 e Fig. 4.11 a Fig. 4.12) relativamente ao estado dos nutrientes disponíveis no solo revelou que os tratamentos de fortificação com zinco tiveram um efeito não significativo no azoto e potássio disponíveis e no carbono orgânico, enquanto que o teor de Zn extraível por DTPA do solo após a colheita da cultura do grão-de-bico foi influenciado significativamente. Significativamente, os valores mais elevados do teor de Zn extraível DTPA no solo foram registados quando a cultura foi fortificada com zinco através da aplicação no solo de ZnSO4 @ 25 kg ha^{-1} + 0,5% ZnSO4 pulverização foliar (F6) seguido pela aplicação no solo de ZnSO4 @ 25 kg ha^{-1} (F5). O tratamento sem biofortificação de zinco (controlo) analisou significativamente menor teor de Zn extraível DTPA (11% menos teor de Zn) no solo em comparação com o seu solo mais aplicação foliar.

Isto pode dever-se ao facto de ter havido um aumento notável do teor de zinco no solo devido à fortificação do zinco através da aplicação no solo, o que pode aumentar a concentração de zinco na solução do solo. Os resultados do inquérito estão em consonância com os de Reddy e Ahlawat (1998) e Singhal e Rattan (1999).

Os dados (Tabela 4.19) revelaram que a aplicação de zinco através do solo ou de pulverização foliar reduziu a concentração de P no solo após a colheita da cultura. Enquanto que a concentração de P no solo aumentou significativamente quando a cultura foi tratada sem aplicação de zinco, que estatisticamente permaneceu igual quando o zinco foi aplicado através de tratamento de sementes ou tratamento de sementes mais pulverização foliar. Isto deveu-se ao facto de que quando o Zn foi aplicado através do solo, a sua concentração na solução do solo aumenta, o que leva à combinação do P nativo com o Zn aplicado, uma vez que o Zn interage negativamente com o fósforo do solo. O fornecimento de Zn pode causar a formação de ligações químicas com aniões fosfato (H2PO4 ou HPO4^{2}) no solo e tornar o fósforo indisponível. No entanto, a força relativa da ligação P-Zn é robusta e não se separa facilmente sem alterações drásticas no ambiente físico ou químico do solo. Os resultados da investigação estão de acordo com os de Gupta e Gupta (1984) e Soltangheisi *et al.* (2014).

5.4 ECONOMIA

5.4.1 Efeito das variedades

Os dados apresentados no Quadro 4.23 e na Fig. 4.14 revelaram que o rendimento bruto máximo, o rendimento líquido e o rácio B: C foram obtidos com a variedade de grão-de-bico GJG 3, seguida da GG 1, o que pode ser devido ao maior rendimento de sementes e palha. Os rendimentos económicos mais elevados foram gerados em virtude dos rendimentos mais elevados das culturas devido à composição genética das variedades de grão-de-bico.

A praticabilidade e a utilidade dos tratamentos são julgadas, em última análise, em termos de retornos líquidos e rácio B: C (Quadro 4.23 e Fig. 4.14). Os rendimentos brutos, os rendimentos líquidos e a relação B: C foram afectados por diferentes variedades, como revelam os dados apresentados no Quadro 4.23 e representados na Fig. 4.14. Ambos os parâmetros mostraram uma variação acentuada devido a diferenças significativas no rendimento de sementes e no rendimento de palha produzidos pelas diferentes variedades. A variedade de grão-de-bico GJG 3 deu os rendimentos brutos e líquidos mais elevados, bem como o rácio B: C. Resultados semelhantes foram também registados por Shivay *et al.* (2014b).

5.4.2 Efeito da biofortificação com zinco

A aplicação de diferentes tratamentos de biofortificação de zinco ao grão-de-bico obteve o maior retorno bruto, retorno líquido e relação B: C em comparação com a não fortificação com zinco (RD de NPK). O rácio B: C e a rentabilidade líquida mais elevados foram obtidos quando a cultura foi biofortificada com a aplicação de zinco através da aplicação no solo de ZnSO4 @ 25 kg ha^{-1} + 0,5% ZnSO4 em pulverização foliar nas fases de floração e enchimento das vagens (F6), seguida da aplicação no solo de ZnSO4 @ 25 kg ha^{-1} (F5). O retorno líquido mais baixo (49.135 ? ha^{-1}) e o rácio B: C (2,46) foram obtidos no controlo. O melhor crescimento da planta, o melhor número de vagens por planta e o maior rendimento de sementes e palha podem ter sido responsáveis pelo maior rácio benefício: custo, bem como pela rentabilidade líquida dos tratamentos aplicados com Zn em relação ao controlo. Estes resultados sobre a economia relativa dos tratamentos fortificados com zinco estão de acordo com as conclusões de Naik e Das, (2008), Gowda *et al.* (2014), Shivay *et al.* (2014), Singh e Shivay (2015) e Jat *et al.* (2015).

CAPÍTULO-VI

RESUMO E CONCLUSÃO

Um experimento de campo foi conduzido durante a temporada de *rabi* de 2017-18 na Fazenda Instrucional, Departamento de Agronomia, Faculdade de Agricultura, Universidade Agrícola de Junagadh, Junagadh para estudar a "Biofotificação de zinco em variedades de grão-de-bico (*Cicer arietinum* L.) através de sementes, solo e aplicação foliar" em solo calcário preto médio. A experiência, com 12 combinações de tratamentos, foi organizada num esquema de blocos aleatórios com três repetições. As combinações de tratamento incluíram duas variedades de grão-de-bico com conteúdo de zinco contrastante, *viz.*, GG 1 (v_1) e GJG 3 (v_2) e seis tratamentos de biofortificação de zinco, *viz*, Controlo (F_1), tratamento de sementes ZnSO4 @ 3 g kg^{-1} sementes (F_2), 0,5% ZnSO4 pulverização foliar nas fases de floração e enchimento de vagens (F_3), tratamento de sementes ZnSO4 @ 3g kg^{-1} sementes + 0.5% de ZnSO4 por pulverização foliar (F_4), aplicação no solo de ZnSO4 @ 25 kg ha^{-1} (F_5) e aplicação no solo de ZnSO4 @ 25 kg ha^{-1} + 0,5% de ZnSO4 por pulverização foliar (F_6), com parcelas de tamanho bruto e líquido de 5,0 m × 2,7 m e 4,0 m × 1,8 m, respetivamente. As variedades de grão-de-bico (GG 1 e GJG 3) foram cultivadas com um pacote normalizado de práticas. Os objectivos gerais/aspectos do presente estudo são os seguintes

4.   Estudar a resposta de biofortificação do zinco através do crescimento, rendimento e qualidade do grão-de-bico.

5.   Estudar a eficiência da aplicação de Zn através de sementes, solo e pulverização foliar no teor e absorção de Zn no grão-de-bico.

6.   Determinar a economia da biofortificação do zinco no grão-de-bico através de interações agronómicas.

O solo experimental era de textura argilosa, ligeiramente alcalino em reação e médio em carbono orgânico. O solo era pobre em azoto disponível, médio em fósforo disponível, potássio e zinco. As condições meteorológicas eram favoráveis ao crescimento das culturas e não se observou nenhum ataque grave de insectos, pragas e doenças durante o curso da investigação. Os resultados experimentais da experiência de campo em pormenor e a sua relação de causa e efeito foram apresentados nos capítulos IV e V anteriores. As principais caraterísticas dos resultados são resumidas aqui.

6.1 EFEITO DAS VARIEDADES

6.1.1 A população de plantas (fases inicial e final) e a altura das plantas na colheita não foram significativamente influenciadas pelas diferentes variedades de grão-de-bico.

6.1.2 As variedades de grão-de-bico não tiveram influência significativa nos dias para iniciar 50% da floração e no número de ramos por planta na colheita.

6.1.3 Os nódulos radiculares aos 55 dias de crescimento da cultura não foram significativamente influenciados pelas diferentes variedades de grão-de-bico.

6.1.4 A produção de matéria seca por planta aos 30 DAS foi significativamente influenciada pelas variedades de grão-de-bico. A maior produção de matéria seca por planta aos 30 DAS foi registada com a variedade GJG 3.

6.1.5 O número de vagens por planta foi significativamente influenciado pelas diferentes variedades de grão-de-bico, tendo a variedade GG 1 produzido o maior número de vagens por planta do que a variedade GJG 3.

6.1.6 A variedade de grão-de-bico GJG 3 registou significativamente o índice de sementes mais elevado (peso de 100 sementes) do que a variedade GG 1.

6.1.7 A variedade de grão-de-bico GJG 3 foi a que registou o maior rendimento de sementes, de palha e biológico.

6.1.8 As diferentes variedades de grão-de-bico não exerceram uma influência significativa no índice de colheita.

6.1.9 As diferentes variedades de grão-de-bico não tiveram influência significativa no teor de proteínas das sementes.

6.1.10 O rendimento proteico foi significativamente influenciado pelas variedades de grão-de-bico, tendo a variedade GJG 3 registado um rendimento proteico significativamente mais elevado do que a variedade GG 1.

6.1.11 As diferentes variedades de grão-de-bico tiveram uma influência significativa no teor de zinco nas sementes e na palha. Significativamente, a variedade de grão-de-bico GJG 3 analisou um teor mais elevado de zinco na semente e na palha do que a variedade GG 1.

6.1.12 A absorção de zinco pelas sementes e palha de grão-de-bico foi significativamente influenciada pelas diferentes variedades de grão-de-bico, tendo a variedade GJG 3 registado uma absorção de zinco significativamente mais elevada nas sementes e na palha.

6.1.13 As duas variedades de grão-de-bico não exerceram uma influência significativa no teor de nutrientes disponíveis no solo após a colheita da cultura.

6.1.14 A variedade de grão-de-bico GJG 3 obteve o máximo de rendimento bruto, realização líquida e rácio B: C do que a variedade GG 1.

6.2 EFEITO DA BIOFORTIFICAÇÃO COM ZINCO

6.2.1 A população de plantas registada aos 20 DAS (Inicial) e na colheita (Final) estatisticamente não influenciou significativamente devido aos diferentes tratamentos de biofortificação de zinco testados na experiência.

6.2.2 A aplicação de zinco através da aplicação no solo de ZnSO4 @ 25 kg ha^{-1} + 0,5% ZnSO4 em pulverização foliar nas fases de floração e enchimento das vagens, registou significativamente a altura máxima das plantas, seguida da fortificação com zinco através do tratamento de sementes mais pulverização foliar (ZnSO4 @ 3 g kg^{-1} sementes + 0,5% ZnSO4) ou pulverização foliar (0,5% ZnSO4) ou aplicação no solo apenas (ZnSO4 @ 25 kg ha^{-1}) sobre o controlo.

6.2.3 Diferentes tratamentos de fortificação com zinco exerceram uma influência significativa nos dias até 50% de floração e no número de ramos por planta, sendo que a submissão de zinco através da aplicação no solo de ZnSO4 @ 25 kg ha^{-1} + 0,5% ZnSO4 em pulverização foliar registou significativamente os dias mínimos para atingir 50% de floração e o maior número de ramos por planta, seguido da fortificação com zinco através do tratamento de sementes mais pulverização foliar (ZnSO4 @ 3 g kg^{-1} sementes + 0,5% ZnSO4) ou apenas aplicação no solo (ZnSO4 @ 25 kg ha^{-1}).

6.2.4 A aplicação de diferentes tratamentos de fortificação com zinco ao grão-de-bico não exerceu influência significativa no número de nódulos radiculares por planta aos 55 DAS.

6.2.5 A produção de matéria seca por planta foi significativamente influenciada por diferentes tratamentos de fortificação com zinco onde, a maior produção de matéria seca por planta aos 30 DAS, aos 60 DAS e na colheita foi registada quando o zinco foi submetido através da aplicação no solo de ZnSO4 @ 25 kg ha^{-1} + 0,5% ZnSO4 pulverização foliar na maioria dos casos.

6.2.6 A aplicação de zinco através da aplicação no solo de ZnSO4 @ 25 kg ha^{-1} + 0,5% ZnSO4 pulverização foliar nas fases de floração e enchimento de vagens registou significativamente valores mais elevados de vagens por planta sobre o resto dos tratamentos.

6.2.7 A aplicação de diferentes tratamentos de fortificação com zinco ao grão-de-bico não exerceu influência significativa no peso de 100 sementes.

6.2.8 A aplicação de diferentes tratamentos de fortificação com zinco exerceu uma influência significativa na produção de sementes, onde a aplicação no solo de ZnSO4 @ 25 kg ha^{-1} + 0,5% de ZnSO4 em pulverização foliar registou uma produção de sementes significativamente maior do que todos os outros tratamentos.

6.2.9 Os rendimentos de palha e biológico foram significativamente melhorados com tratamentos de fortificação com zinco, onde a aplicação no solo de ZnSO4 @ 25 kg ha^{-1} produziu significativamente maior rendimento de palha e biológico seguido pela aplicação no solo de ZnSO4 @ 25 kg ha^{-1} + 0,5% ZnSO4 pulverização foliar nas fases de floração e enchimento de vagens.

6.2.10 Os diferentes tratamentos de fortificação com zinco não causaram qualquer efeito significativo no índice de colheita.

6.2.11 O fornecimento de zinco através da aplicação no solo de ZnSO4 @ 25 kg ha^{-1} + 0,5% ZnSO4 pulverização foliar (F6) aumentou significativamente o teor de proteína na semente sobre todos os outros tratamentos de fortificação de zinco.

6.2.12 O rendimento proteico do grão-de-bico foi significativamente influenciado pelos tratamentos de fortificação com zinco, onde a aplicação no solo de ZnSO4 @ 25 kg ha^{-1} + 0,5% de ZnSO4 em pulverização foliar analisou um rendimento proteico significativamente mais elevado do que todos os tratamentos.

6.2.13 O teor e a absorção de zinco na semente e na palha foram significativamente mais elevados quando a cultura foi fortificada através da aplicação no solo de ZnSO4 @ 25 kg ha^{-1} + 0,5% de ZnSO4 por pulverização foliar em relação aos restantes tratamentos.

6.2.14 Os diferentes tratamentos de biofortificação com zinco influenciaram significativamente o teor de fósforo e zinco disponível no solo após a colheita do grão-de-bico. Enquanto o azoto disponível, o potássio e o teor de carbono orgânico do solo após a colheita da cultura não influenciaram significativamente.

6.2.15 O retorno líquido e a relação B: C mais elevados foram obtidos quando a cultura foi fortificada através da aplicação no solo de ZnSO4 @ 25 kg ha^{-1} + 0,5% de ZnSO4 por pulverização foliar nas fases de floração e enchimento das vagens.

6.3 CONCLUSÃO

Com base num estudo de campo de um ano, pode concluir-se que, entre as duas variedades de grão-de-bico e os seis tratamentos de biofortificação com zinco, a variedade de grão-de-bico GJG 3 foi considerada promissora para a fortificação com zinco das sementes e para a rentabilidade líquida. A fortificação com zinco através da aplicação no solo de ZnSO4 25 kg ha^{-1} + 0,5% de ZnSO4 por pulverização foliar nas fases de floração e formação das vagens, juntamente com RD basal de NPK, foi considerada a melhor prática agronómica para melhorar o teor de zinco nas sementes, aumentar o rendimento das sementes e a rentabilidade líquida do grão-de-bico de regadio na região de *Saurashtra*, em Gujarat.

BIBLIOGRAFIA

Abd-EI-Gawad, A.; EI. Hariri, D. M.; Abo-Shtaia, A. M. A. e Bahar, A. A. 1991. Respostas do rendimento e dos componentes do rendimento do grão-de-bico (*Cicer arietinum* L.) à fertilização com fósforo e micronutrientes. *Jornal Africano de Ciências Agrárias*, **18**(1): 61-71.

Abo-Shetia, A. M. e Soheir, A. M. 2001. Resposta do rendimento e dos componentes do rendimento do grão-de-bico (*Cicer arietinum L.*) à fertilização com fósforo e micronutrientes. *Jornal da Universidade Árabe de Ciências Agrárias*, **9**(1): 235-243.

Ahlawat, I. P. S.; Gangaiah, B. e Zahid Ashraf, M. 2007. Nutrient management in chickpea (Gestão de nutrientes no grão-de-bico). "Chickpea Breeding and Management" livro de referência global, *Cromwell Press, Trowbridge*, Reino Unido. pp -222.

Akay, A. 2011. Efeito das aplicações de fertilizante de zinco no rendimento e no conteúdo de elementos de algumas variedades registadas de grão-de-bico. *Jornal Africano de Biotecnologia*, 10(60): 12890-96.

Ali, M. e Kumar, S. 2001. An overview of chickpea research in India. *Indian Journal of Pulses Research*, 14: 81-89.

Ali, S.; Riazm, A.; Mairaj, G.; Arif, M.; Fida, M. e Bibi, S. 2008. Assessment of different crop nutrient management practices for yield improvement (Avaliação de diferentes práticas de gestão de nutrientes das culturas para melhoria do rendimento). *Australian Journal of Crop Science*, 2(3): 150-157.

Alloway, B. J. 2008. Zinc in Soils and Crop Nutrition. 2nd Eds. Bruxelas: IZA e IFA, pp. 2326.

Anónimo. 2016. Estatísticas da agricultura: At a glance 2016. Direção de Economia e Estatística, Departamento de Cooperação Agrícola e Bem-Estar dos Agricultores, Governo da Índia, Nova Deli. pp. 109-110.

Bahl, G. S.; Baddesha, H. S.; Pasrich, N. S. e Aulakh, M. S. 1986. Sulphur and zinc nutrition of groundnut grown on the loamy sand soil. *Indian Journal of Agricultural Sciences,* **56**(6): 429-433.

Balai, K.; Sharma, Y.; Jajoria, M.; Deewan, P. e Verma, R. 2017. Efeito do fósforo e do zinco no crescimento, rendimento e economia do grão-de-bico (*Cicer arietinum* L.). *Revista Internacional de Microbiologia Atual e Ciências Aplicadas, 6*(3): 1174-1181.

Boldrin, P. F.; Faquin, V.; Ramos, S. J.; Boldrin, K. V. F.; Avila, F. W. e Guilherme, L. R. G. 2013. Aplicação via solo e foliar de selênio na biofortificação do arroz. *Revista de Composição e Análise de Alimentos*, **31**(2): 238-244.

Brennan, R. F.; Bolland, M. D. A. e Siddique, K. H. M. 2001. Responses of cool season grain legumes and wheat to soil applied zinc. *Journal of Plant Nutrition,* **24**(4&5): 727-741.

Cakmak, I. 2008. Enriquecimento de grãos de cereais com Zn: Biofortificação agronómica ou genética? *Planta e Solo,* **302**: 1-17.

Chatterjee, A. K.; Mondal, L. N. e Holder, H. 1983. Effect of phosphorus and zinc application on the extractable Zn, Cu, Mn and P in waterlogged rice soils. *Journal of the Indian Society of Soil Science,* **31**: 135-137.

Choudhary, G. L.; Rana, K. S.; Rana, D. S. e Rana, R. S. 2014. Desempenho do grão-de-bico (*Cicer arietinum* L.) influenciado pelo manejo da umidade e fortificação com zinco no sistema de cultivo de milheto (*Pennisetum glaucum*) - grão-de-bico em condições de umidade limitada. *Indian Journal of Agronomy,* **59**(4): 634-640.

Choudhary, G. L.; Rana, K. S.; Bana, R. S. e Prajapat, K. 2016. A conservação da umidade e os impactos da fertilização com zinco na qualidade, lucratividade e índices de uso de umidade do grão-de-bico (*Cicer arietinum* L.) em condições de umidade limitada. *Legume Research*, **39**(5): 734-740.

Dadkhah, N.; Ebadi, A.; Parmoon, G. H.; Ghlipoori, G. H. e Jahanbakhsh, S. 2015. Os efeitos do fertilizante de zinco em algumas caraterísticas fisiológicas do grão-de-bico (*Cicer arietinum* L.) sob estresse hídrico. *Iranian Journal of Pulses Research*, **6**(2): 59-72.

Donald, C. M. e Hamblin, J. 1976. O rendimento biológico e o índice de colheita como critérios agronómicos e de melhoramento vegetal. *Avanços em Agronomia,* **28**: 361-405.

Ekiz, H.; Bagci, S. A.; Kiral, A. S.; Eker, S.; Gultekin, I.; Alkan, A. e Cakmak, I. 2008. Efeito de diferentes métodos de aplicação de zinco no rendimento de grãos e na concentração de zinco em cultivares de trigo cultivadas em solos calcários com deficiência de zinco. *Journal of Plant Nutrition,* **20** (4&5): 461-471.

Enania, A. R. e Vyas, A. K. 1994. Efeito da aplicação de fósforo e zinco no crescimento, biomassa e absorção de nutrientes pelo grão-de-bico em solo calcário. *Annals of Agricultural Research*, **15**(4): 397-399.

Fageria, N. K.; Baligar, V. C. e Jones, C. A. 2009. Growth and mineral nutrition of field crops (Crescimento e nutrição mineral das culturas arvenses). (3rd Edn) CRC press, Londres, pp. 551.

Fasaei, R. G. e Ronaghi, A. 2015. A influência do quelato de ferro e do sulfato de zinco no crescimento e na composição de nutrientes do grão-de-bico cultivado em um solo calcário. *Investigação Agrícola do Irão,* **34**(2): 35-40.

Gangwar, S. e Dubey, M. 2012. Nodulação da raiz do grão-de-bico e rendimento afetado pela aplicação de micronutrientes e inoculação de *Rhizobium. Crop Research*, **44**(2): 37-41.

Gassi, S.; Tikoo, J. L. e Banerjee, S.K. (1973). Changes in protein and methionine content in the maturing seeds of legumes. *Seed Research*, **1**: 104-106.

Gaur, P. M.; Tripathi, S.; Gowda, C. C. L.; Rangarao, G. V.; Sharma, H. C.; Pande, S. e Sharma, M. 2010. Chickpea Seed Production Manual (Manual de Produção de Sementes de Grão-de-bico). ICRISAT, Patancheru (Telangana). pp. 110.

Ghasal, P. C.; Shivay, Y. S. e Pooniya, V. 2015. Resposta das variedades de arroz basmati (*Oryza sativa*) à fertilização com zinco. *Indian Journal of Agronomy,* **60**(3): 403-409.

Gowda, K. M.; Halepyati, A. S.; Koppalkar, B. G. e Rao, S. 2014. Resposta do feijão-de-gato à aplicação de micronutrientes através do solo e pulverização foliar de macronutrientes no rendimento, economia e teor de proteínas. *Karnataka Journal of Agricultural Science,* **27**(4): (460463).

Gunes, A.; Inal, A.; Adak, M. S.; Alpaslan, M.; Bagci, E. G.; Erol, T. e Pilbeam, D. J. 2007. Nutrição mineral do trigo, grão-de-bico e lentilha afetada pela cultura mista e pela humidade do solo. *Ciclo de Nutrientes em Agroecossistemas,* **78**(1): 83-96.

Gupta, S. P. e Gupta, V. K. 1984. Influência do zinco na nutrição de Ca, Mg, Na, K e P da soja (*Glycine max* L.) em solos sódicos. *Indian Journal of Ecological Science*, **11**: 236242.

Gupta, P. K. e Vyas, K. K. 1994. Effect of phosphorous, zinc and molybdenum on the yield and quality of soybean. *Legume Research*, **17**(1): 5-7.

Gupta, S. C. e Sahu, S. 2012. Response of chickpea to micronutrients and biofertilizers in vertisols. *Legume Research*, **35**(3): 248-251.

Habbasha, S. F. E.; Magda, H. M.; Lateef, E. M. A.; Mekki, B. B. e Ibrahim, M. E. 2013. Efeito da combinação de zinco e nitrogênio no rendimento, constituintes químicos e eficiência do uso de nitrogênio de algumas cultivares de grão-de-bico em condições de solo arenoso. *Revista Mundial de Ciências Agrícolas,* **9**(4): 354-60.

Hadi, M. R. H. S.; Bazargani, P. e Darzi, M. T. 2013. Efeitos dos tratamentos de irrigação e da aplicação foliar de zinco no rendimento e nos componentes do rendimento do grão-de-bico (*Cicer aeritinum* L.). *International Journal of Farming and Allied Sciences*, **2**(19): 720-724.

Haslett, B. S.; Reid, R. J. e Rengel, Z. 2001. Mobilidade do zinco no trigo: Absorção e distribuição de zinco aplicado às folhas ou raízes. *Annals of Botany,* **87**: 379-386.

Hidoto, L.; Worku, W.; Mohammed, H. e Taran, B. 2016. Abordagem agronómica para aumentar o teor de zinco nas sementes e a produtividade das variedades de grão-de-bico em solos deficientes em zinco do sul da Etiópia. *Avanços em Ciência e Tecnologia da Vida,* **42**: 1-10.

Hidoto, L.; Taran, B.; Worku, W. e Mohammed, H. 2017. Rumo à biofortificação de zinco no grão-de-bico: Desempenho de cultivares de grão-de-bico em resposta à aplicação de zinco no solo. Divisão de Agronomia, Editores Académicos, Etiópia. pp. 14.

Hossain, M. D.; Hasan, M.; Sultana, R. e Bari, A. K. M. A. 2016. Resposta de crescimento e rendimento do grão-de-bico a diferentes níveis de boro e zinco. *Agricultura Fundamental e Aplicada,* **1**(2): 82-86.

Hulse, J. H. 1991. Natureza, composição e utilização de leguminosas para grão. *In:* Proc. da reunião de consultores sobre a utilização de leguminosas tropicais realizada no ICRISAT, Patancheru, Telangana, de 27 a 30 de março de 1989. pp. 502-524.

Hussain, S.; Maqsood, M. A.; Rengel, Z. e Aziz, T. 2012. Biofortificação e biodisponibilidade humana estimada de zinco em grãos de trigo como influenciada por métodos de aplicação de zinco. *Plant and Soil,* **361**(1): 279-290.

Imran, M. e Rahim, A. 2016. Abordagens de fertilização com zinco para biofortificação agronómica e biodisponibilidade humana estimada de zinco no grão de milho. *Jornal de Arquivos de Agronomia e Ciência do Solo,* **63**(1): 106-116.

Indulkar, B. S. e Malewar, G. U. 1991. Valor residual de fontes inorgânicas e orgânicas de zinco no rendimento do grão-de-bico e na absorção de nutrientes na rotação de culturas arroz-grão-de-bico. *Legume Research,* **14**(3): 105-110.

Ingle, S. N.; Kuchanwar, O. D.; Shirsat, P. R.; Zalte, S. G. e Patangray. A. J. 2016. Efeito da aplicação foliar de zinco e ferro no crescimento, rendimento e qualidade do gladíolo. *Arquivos de Plantas,* **16**(1): 387-389.

Jackson, M. L. 1967. Soil Chemical Analysis, Prentice Hall of India Pvt. Ltd, New Delhi.

Jackson, M. L. 1974. Soil Chemical Analysis, Prentice Hall of India Pvt. Ltd, New Delhi.

Jat, B. L.; Gupta, J. K.; Meena, R. L.; Sharma, R. N. e Bhati, D. S. 2015. Efeito da aplicação foliar de sulfato de zinco e tioureia na produtividade e economia do grão-de-bico (*Cicer arietinum* L.). *Journal of Progressive Agriculture*, **5**(2): 62-65.

Jha, D. P.; Sharma, S. K. e Amarawat, T. 2015. Effect of organic and inorganic sources of nutrients on yield and economics of blackgram (*Vigna mungo* L.) grown during *kharif.* *Agricultural Science Digest,* **35**(3): 224-228

Karwasra, R. S. e Kumar, A. 2007. Effect of phosphorus and zinc application on growth, biomass and nutrient uptake by chickpea in calcareous soils. *Haryana Journal of Agronomy*, **23**(1-2): 111-112.

Katiyar, N. K.; Mishra, U. S.; Kumar, A.; Raizada, S.; Pathak, R. K. e Pandey, S. B. 2017. Resposta de Zn, B e Mo no crescimento, atributos de rendimento e rendimento de grão-de-bico em condições de sequeiro. *Research on Crops,* **18**(1): 29-34.

Katyal, J. C.; Rattan, R. K. e Dutta, S. P. 2004. Gestão de Zn e B para uma produção agrícola sustentável. *Fertilizer News,* **49**(12): 83-89.

Kaya, M.; Zeliha, K. e Albrahin, E. 2009. Atividade da fitase, ácido fítico, zinco, fósforo e conteúdo proteico em diferentes genótipos de grão-de-bico em relação à fertilização com azoto e zinco. *Jornal Africano de Biotecnologia,* **8**(18): 4508-4513.

Kayan, N.; Gulmezoglu, N. e Kaya, M. D. 2015. A fonte e o nível ideais de zinco foliar para melhorar o teor de Zn nas sementes de grão-de-bico. *Legume Research,* **38**(6): 826-831.

Khan, H. R.; Mc Donald, G. K. e Rengel, Z. 2003. A fertilização com zinco melhora a eficiência do uso da água, a produção de grãos e o teor de zinco nas sementes de grão-de-bico. *Plant and Soil,* **249**(2): 389400.

Kharol, S. S. 2011. Efeito da nutrição com enxofre e zinco no rendimento e na qualidade do grão-de-bico (*Cicer arietinum* L.) Tese de Mestrado (Ag.), Faculdade de Agricultura de Rajasthan, MPUAT, Udaipur (Rajasthan).

Kharol, S.; Sharma, M.; Purohit, H. S.; Jain, H. K.; Lal, M. e Sumeriya, H. K. 2014. Efeito da nutrição com enxofre e zinco no rendimento, na qualidade e no teor e absorção de nutrientes pelo grão-de-bico (*Cicer arietinum* L.). *Ambiente e Ecologia,* **32**(4): 1470-1474.

Khorgamy, A. e Farnia, A. 2009. Efeito da fertilização com fósforo e zinco no rendimento e nos componentes do rendimento de cultivares de grão-de-bico. *In:* Proc. da 9th African Crop Science Conference realizada na Cidade do Cabo, África do Sul, de 28th setembro a 2nd outubro de 2009. pp. 205-208.

Khush, G. S.; Lee, S. C.; Cho Jung, I. e Jeon, J. S. 2012. Biofortificação de culturas para reduzir a desnutrição. *Relatórios de Biotecnologia Vegetal,* **6**(3): 195-202.

Kumar, P.; Kumar, R.; Mohan, B.; Yadav, S. K.; Singh, S. e Singh, B. 2017. Efeito da aplicação foliar e no solo de micronutrientes e uso de PSB na produtividade e eficiência do uso da água do grão-de-bico em condições de sequeiro. *Revista Internacional de Microbiologia Atual e Ciências Aplicadas,* **6**(8): 3074-3080.

Kurdali, F. 1996. Assimilação, mobilização e repartição do azoto e do fósforo no grão-de-bico de sequeiro (*Cicer arietinum* L.). *Field Crops Research,* 47(2&3): 81-92.

Kushwaha, B. L. 1997. Contribuição dos micronutrientes para o aumento da produtividade de diferentes culturas de leguminosas. *In:* [th]Proc. da 3rd Conferência Internacional sobre Leguminosas Alimentares realizada em Adelaide, Austrália, de 22 a 26 de setembro de 1997.

Leterme, P. 2002. Recomendações das organizações de saúde para o consumo de leguminosas. *British Journal of Nutrition,* 3: 239-42.

Lindsay, W. L. e Norvell, W. A. 1978. Desenvolvimento de um teste DTPA para zinco e ferro. *Soil Science Society of America Journal,* **42**: 421-428.

Malvi, U. R. 2011. Interação dos micronutrientes com os principais nutrientes, com especial referência ao potássio. *Karnataka Journal of Agricultural Sciences,* **24**(1): 106-109.

Masood, A. e Mishra, J. P. 2000. Gestão de nutrientes em leguminosas e sistemas de cultivo baseados em leguminosas. *Fertilizer News,* **45**(4): 57-69.

Mehdi, S. M.; Ranjaa, A. M. e Hussain, T. 1990. Eficiência relativa de várias fontes de zinco. *Sharad Journal Agriculture,* **6**: 103-106.

Misra, S. K.; Upadhyay, R. M. e Tiwari, V. N. 2002. Effect of salt and zinc on nodulation, leghaemoglobin and nitrogen content of *rabi* legume. *Indian Journal of Pulses Research,* **15**(2): 145-148.

Misra, S. K. 2001. Salt tolerance of different cultivars of chickpea as influenced by zinc fertilization (Tolerância ao sal de diferentes cultivares de grão-de-bico influenciada pela fertilização com zinco). *Journal of Indian Society and Soil Science*, **49**(1): 135-140.

Murgia, I.; Arosio, P.; Tarantino, D. e Soave, C. 2012. Biofortificação para combater a fome oculta de ferro. *Tendências em Ciências Vegetais*, **17**(1): 47-55.

Mut, Z. e Gulumser, A. 2005. O efeito da inoculação de bactérias, da aplicação de zinco e molibdénio na produção de sementes e em algumas caraterísticas morfológicas da cultivar de grão-de-bico (Damla-89). *Universidade Ondokuz May, Jornal da Faculdade de Agricultura*, **16**(2): 1-10

Naik, S. K. e Das, D. K. 2008. Desempenho relativo de zinco quelatado e sulfato de zinco para arroz de terras baixas (*Oryza sativa* L.). *Nutrient Cycling Agroecosystems*, **81**(3): 219-227.

Ofuya, Z. M. e Akhidue, V. 2005. O papel das leguminosas na nutrição humana: A review. *Jornal de Ciências Aplicadas e Gestão Ambiental*, **9**(3): 99-104.

Olsen, S. R.; Cole, C. V.; Watanabe, F. S. e Dean, L. A. 1954. Estimativa do fósforo disponível nos solos por extração com carbonato de sódio. Circ. USDA, pp. 939.

Pandey, R. K.; Raj, K.; Tiwari, U. S.; Hussain, K.; Dubey, S. D. e Tiwari, H. N. 2012. Resposta do grão-de-bico (*Cicer arietinum* L.) ao fósforo e ao zinco em condições de irrigação. *Avanços na Ciência da Agricultura*, **4**(2): 174-175.

Panse, V. G. e Sukhatme, P. V. 1985. Statistical Method for Agricultural Workers (2nd Eds.), I.C.A.R., New Delhi.

Patel, A. R.; Sadhu, A. C.; Chotaliya, R. L. e Patel, C. J. 2011. Yield, quality, nutrient content and uptake of chickpea as influenced by vermicompost, phosphorus and zinc levels. *Haryana Journal of Agronomy*, **27**(1): 54-86.

Pathak, S.; Namdo, K. N.; Chakrawarti, V. K.; Tiwari, R. K. e Pathak, S. 2003. Effect of biofertilizers, diammonium phosphate and zinc sulphate on nutrients contents and uptake of chickpea (*Cicer arietinum* L.). *Crop Research*, **26**(1): 47-52.

Pathak, G. C.; Gupta, B. e Pandey, N. 2012. Melhoria da eficiência reprodutiva do grão-de-bico por meio da aplicação foliar de zinco. *Revista Brasileira de Fisiologia Vegetal*, **24**(3): 173-180.

Parimala, K.; Anitha, G. e Reddy, A. V. 2013. Efeito da pulverização de nutrientes no rendimento e nos parâmetros de qualidade das plântulas de grão-de-bico (*cicer arietinum* L.). *Arquivos de Plantas*, **13**(2): 735-737.

Piper, C. S. 1950. "Soil and Plant Analysis". *International Science Publisher*, Nova Iorque.

Pooniya, V.; Shivay, Y. S.; Rana, A.; Nain, L. e Prasanna, R. 2012. Melhorar a dinâmica dos nutrientes do solo e a produtividade do arroz basmati através da incorporação de resíduos e da fertilização com zinco. *Jornal Europeu de Agronomia*, **41**: 28- 37.

Prasad, R.; Shivay, Y. S.; Kumar, D. e Sharma, S. N. 2006. Learning by doing exercise in soil fertility - A Practical Manual for soil Fertility. Divisão de Agronomia, Instituto de Investigação Agrícola da Índia, Nova Deli, Índia. pp. 68.

Rakesh, K. e Jitendra, J. S. 2014. Efeito da aplicação de NPKS e Zn no crescimento, rendimento, economia e qualidade do milho bebé. *Arquivos de Agronomia e Ciência do Solo*, **60**(9): 1193-1206.

Ramaprasad, P. D.; Rao, C. P. e Srinivasulu, K. 2011. Efeito da gestão do zinco no rendimento, absorção de nutrientes e economia do grão-de-bico kabuli (*Cicer kabulicum* L.). *Andhra Agricultural Journal*, **58**(3): 258-261.

Rao, R.; Ramlingaswamy, K. e Rao, V. K. 1986. O estado do zinco e do fósforo disponível influenciado pela sua aplicação num alfisol alcalino arenoso. *Journal of Agriculture*

Research, **14**(1): 85-87.

Reddy, N. R. N. e Ahlawat, I. P. S. 1998. Response of chickpea (*Cicer arietinum* L.) genotype to irrigation and fertilizer under late-sown condition. *Indian Journal of Agronomy,* **43**(1): 95-101.

Richards, L. A. 1954. "Diagnosis and Improvement of Saline and Alkali Soils" (Diagnóstico e melhoramento de solos salinos e alcalinos). USDA Hand Book No. 60, Oxford and IBH publication. Co., New Delhi.

Roy, P. D.; Narwal, R. P.; Malik, R. S.; Saha, B. N. e Kumar, S. 2013. Impacto do método de aplicação de zinco na produtividade do greengram (*Vigna radiata* L.) e na fortificação com zinco dos grãos. *Journal of Environmental Biology,* **25**(4): 87-91.

Sajid, M.; Hussain, A.; Rab, A.; Shah, S.T. e Jan, I. 2016. Influência do zinco como solo e aplicação foliar no crescimento e rendimento do quiabo (*Abelmoschus esculentus* L.). *International Journal of Agricultutre and Environmental Research,* **2**(2): 140-145.

Sakal, R.; Singh, R. B. e Singh, A. P. 1980. Efeito da aplicação de zinco e boro na produção de grama preta e grão-de-bico em solo calcário. *Fertilizer News,* **24**: 27-30.

Sakal, R.; Sinha, R. B.; Singh, A. P. e Bhopal, N. S. 1998. Response of some *rabi* pulses to boron, zinc and sulphur application in farmers field. *Fertilizer News,* **43**(11): 37-40.

Sangwan, P. S. e Raj, M. 2004. Effect of zinc nutrition on yield of chickpea (*Cicer arietinum* L.) under dry land conditions. *Indian Journal of Dryland Agriculture Research & Development,* **19**(1): 1-3.

Sawires, E. S. 2001. Efeito da fertilização com fósforo e micronutrientes no rendimento e nos componentes do rendimento do grão-de-bico (*Cicer arietinum* L.). *Annals of Agriculture Science,* **46**(1): 155-164.

Saxena, A. K. e Rewari, R. B. 1991. Influência do fosfato e do zinco no crescimento, nodulação e composição mineral do grão-de-bico (*Cicer arietinum* L.) sob stress salino. *World Journal of Microbiology and Biotechnology,* **7**(2):202-205.

Shaban, M.; Lak, M.; Hamidvand, Y.; Nabaty, E.; Khodaei, F.; Yarahmadi, M.; Azimi, S. M.; Rahmat, M. G.; Shaban, M. e Motlagh, Z. R. 2012. Resposta de cultivares de grão-de-bico (*Cicer arietinum* L.) à aplicação integrada de nutrientes de zinco com stress hídrico. *International Journal of Agriculture and Crop Sciences,* **4**: 1074-1082.

Sharma, V. e Abrol, V. 2007. Effect of phosphorous and zinc application on yield and uptake of phosphorus and zinc by chickpea under rainfed conditions. *Journal of Food Legumes,* **20**: 49-51.

Sharma, P.; Aggarwal, P. e Kaur, A. 2017. Biofortificação: Uma nova abordagem para erradicar a fome oculta. *Food Reviews International,* **33**(1): 1-21.

Shirani, B.; Khodambashi, M.; Fallah, S.; e Shahraki, A. D. 2015. Efeitos da aplicação foliar de nitrogênio, zinco e manganês no rendimento, componentes do rendimento e qualidade do grão de grão de bico em duas estações de crescimento. *Journal of Crop Production and Processing,* **5**(16): 143-152.

Shivay, Y. S.; Prasad, R. e Pal, M. 2014a. Variabilidade genética para a eficiência do uso de zinco no grão-de-bico, influenciada pela fertilização com zinco. *Jornal Internacional de Biologia*

Investigação e gestão do stress, **5**(1): 31-36.

Shivay, Y. S.; Prasad, R. e Pal, M. 2014b. Efeito da variedade e da aplicação de zinco no rendimento, rentabilidade, teor de proteínas e absorção de zinco e azoto pelo grão-de-bico (*Cicer arietinum* L.). *Indian Journal of Agronomy,* 59(2): 317-321

Shivay, Y. S.; Prasad, R. e Pal, M. 2015. Efeitos da fonte e do método de aplicação de zinco no rendimento, biofortificação de zinco do grão e absorção de Zn e eficiência de uso em grão-de-bico (*Cicer arietinum* L.). *Comunicações em Ciência do Solo e Análise de Plantas*, 46(17): 2191-2200.

Shukla, U. C. e Yadav, O. P. 1982. Effect of phosphorous and zinc on nodulation and nitrogen fixation on chickpea (Efeito do fósforo e do zinco na nodulação e fixação do azoto no grão-de-bico). *Plant and Soil* (Países Baixos), **65**(2): 239-248.

Siddiqui, S. N.; Umar, S.; Hussen, A. e Iqbal, M. 2015. Efeito do fósforo no crescimento das plantas e na acumulação de nutrientes em genótipos de grão-de-bico com elevada e baixa acumulação de zinco. *Anais de Fitomedicina,* **4**(2): 102-105.

Singh, D. V. e Tripathi, B. R. 1974. Effect of N, P and K fertilization on the uptake of indigenous and applied zinc in wheat crop. *Journal of Indian Society of Soil Science*, **22**: 244-248.

Singh, K. e Gupta, V. K. 1986. Resposta do grão-de-bico à fertilização com zinco e seus níveis críticos no solo de Rajasthan. *Fertilizer Research,* **8**(3): 213:218.

Singh, R. P. 1990. Status of chickpea in world (Situação do grão-de-bico no mundo). *International Chickpea Newsletter*, **22**: 10-16.

Singh, T. e Tiwari, K. N. 1992. Effect of zinc application on yield and nutrient content in chickpea (*Cicer arietinum* L.). *Madras Agricultural Journal,* **79**(2): 87-91.

Singh, A. K.; Singh, B. e Singh, H. C. 2005. Response of chickpea (*Cicer arietinum* L.) to fertilizer phosphorus and zinc application under rainfed condition of eastern Utter Pradesh. *Indian Journal of Dryland Agriculture Research & Development*, **20**(2): 114117.

Singh, R.; Singh, Y.; Singh, O. N. e Sharma, S. N. 2006. Effect of nitrogen and micronutrients on growth, yield and nutrient uptake by frenchbean. *Indian Journal of Pulses Research,* **19**(1): 67-69.

Singh, N.; Bahadur, R.; Singh, R. P. e Yadav, R. K. 2011. Effect of seed soaking with zinc on growth and yield of chickpea (Efeito da demolha de sementes com zinco no crescimento e rendimento do grão-de-bico). *Journal of Food Legumes*, **24**(3): 261-61.

Singh, N. P. 2011. Relatório dos Coordenadores de Projeto 2010-2011. Projeto de investigação coordenado por toda a Índia sobre grão-de-bico, Instituto Indiano de Investigação de Pulgas, Kanpur (Uttar Pradesh). pp. 44.

Singh, D. e Singh, H. 2012. Efeito da nutrição de fósforo e zinco no rendimento, absorção de nutrientes e qualidade do grão-de-bico. *Analysis of Plant and Soil Research*, **14**(1): 71-74.

Singh, A. e Shivay, Y. S. 2015. Efeito de culturas de adubação verde de verão e fontes de fertilizantes de zinco na produtividade, absorção de Zn e economia do arroz basmati. *Journal of Plant Nutrition,* **39**: 204-218.

Singh, U.; Kumar, N.; Praharaj, C. S.; Singh, S. S. e Kumar, L. 2015. Ferti-fortificação: Uma abordagem fácil para o enriquecimento nutricional do grão-de-bico. *The Ecoscan*, **9**(3&4): 731-736

Singhal, S. K. e Rattan, R. K. 1999. Nutrientes de zinco da soja e da mostarda em relação às fontes de zinco. *Annals of Agriculture Research*, **20**(1): 4-8.

Sinha, R. A.; Singh, A. P.; Singh, A. K. e Roy, N. K. 2003. Screening of chickpea genotypes for their susceptibility to zinc deficiency in calcareous soil (Rastreio de genótipos de grão-de-bico quanto à sua suscetibilidade à deficiência de zinco em solo calcário). *Annals of Plant and Soil Research*, **5**(1): 44-48.

Soltangheisi, A.; Rahman, Z. A.; Ishak, C.F.; Musa, H. M. e Zakikhani, H. 2014. Efeitos de interação de P e Zn na sua absorção e[32] Absorção e translocação de P em milho doce (*Zea mays*) cultivado num solo tropical. *Asian Journal of Plant Science,* 13(3): 129-135.

Timóteo, J. e Pablo B. E. 2007. Biofortificação, biodiversidade e dieta: A search for complementary applications against poverty and malnutrition, *Food Policy*, 32: 1-24.

Tripathi, B. C.; Singh, R. S. e Mishra, V. K. 1997. Effect of sulphur and zinc nutrition on yield and quality of chickpea (*Cicer arietinum* L.). *Journal of Indian Society of Soil Science,* 45(1): 123-126.

Tripathi, H. C.; Pathak, R. K.; Kumar, A. e Dimree, S. 2011. Efeito do enxofre e do zinco nos atributos de rendimento, rendimento e absorção de nutrientes no grão-de-bico (*Cicer arietinum* L.). *Annals of Plant and Soil Research*, 13(2): 134-136.

Tripathi, S.; Sridhar, V.; Jukanti, A. V.; Suresh, K.; Rao, B. V.; Gowda, C. L. L. e Gaur, P. M. 2012. Variabilidade genética e inter-relações de caraterísticas fenológicas, físico-químicas e de qualidade culinária no grão-de-bico. *Plant Genetic Resources*, 10(3): 194201.

Valenciano, J. B., Boto, J. A. e Marcelo, V. 2010. Resposta do rendimento do grão-de-bico (*Cicer arietinum* L.) à aplicação de zinco, boro e molibdénio em condições de vaso. *Revista Espanhola de Investigação Agrária,* 8(3):797- 807.

Venkatesh, M. S.; Hazra, K. K. e Ghosh, P. K. 2013. Concentração crítica de zinco nos tecidos: um método para diagnosticar o estado do zinco no grão-de-bico e na lentilha. *Jornal Indiano de Fisiologia Vegetal,* 18(2): 191-194.

Wuehler, S. E.; Peerson, J. M. e Brown, K. H. 2005. Utilização de dados de balanços alimentares nacionais para estimar a adequação do zinco nos abastecimentos alimentares nacionais: Metodologia e estimativas regionais. *Public Health Nutrition,* 8: 812-819.

Yadav, M. K.; Singh, B.; Singh, A. K.; Mahaian, G.; Kumar, R.; Singh, M. K. e Balai, S. R. 2010. Resposta do grão-de-bico (*Cicer arietinum* L.) ao método de sementeira e aos níveis de sulfato de zinco em condições de sequeiro no leste do Uttar Pradesh. *Environment and Ecology*, 28(3): 1652-1654.

Zayed, B. A.; Salem, A. K. M. e El Sharkawy, H.M. 2011. Efeito de diferentes tratamentos com micronutrientes no crescimento e rendimento do arroz (*Oryza sativa* L.) em condições de solo salino. *Revista Mundial de Ciências Agrárias*, 7: 179-184.

Zhao, A.; Lu, X.; Zihui, C.; Tian, X. e Yang, X. 2011. Métodos de fertilização com zinco na absorção e translocação de zinco no trigo. *Journal of Agricultural Science,* 3(1): 31-33.

Zuo, Y. e Zhang, F. 2009. Estratégias de biofortificação de ferro e zinco em plantas dicotiledóneas através da consociação com espécies gramíneas: Uma revisão. *Agronomia para o Desenvolvimento Sustentável,* 29: 63-71.

I want morebooks!

Buy your books fast and straightforward online - at one of world's fastest growing online book stores! Environmentally sound due to Print-on-Demand technologies.

Buy your books online at
www.morebooks.shop

Compre os seus livros mais rápido e diretamente na internet, em uma das livrarias on-line com o maior crescimento no mundo! Produção que protege o meio ambiente através das tecnologias de impressão sob demanda.

Compre os seus livros on-line em
www.morebooks.shop

Printed by Books on Demand GmbH, Norderstedt / Germany